# 剪映

## 短视频剪辑与AI制作

## 零基础教程

孙文博　汤超　编著

人民邮电出版社

北京

**图书在版编目（ＣＩＰ）数据**

剪映：短视频剪辑与AI制作零基础教程 / 孙文博，汤超编著. -- 北京：人民邮电出版社，2025.7
ISBN 978-7-115-64461-9

Ⅰ．①剪… Ⅱ．①孙… ②汤… Ⅲ．①视频编辑软件
－教材 Ⅳ．①TN94

中国国家版本馆CIP数据核字(2024)第109407号

## 内 容 提 要

剪映是近些年来十分受用户喜爱的短视频后期剪辑应用软件之一，无论是手机版，还是专业版（电脑版），其功能都非常强大，而且简单、好用、易上手。本书详细介绍了使用剪映剪辑短视频及进行AI创作的基础知识和实用技巧。

本书从剪辑理论、剪映的界面功能、剪辑流程开始讲起；随后针对剪映的基本功能，例如添加文字、添加音乐、剪辑功能、调色、转场与特效等进行了详细介绍；接着分享了对视频剪辑非常重要的基本思路和后期要点；然后通过火爆抖音的后期效果实操案例教学，让读者能够轻松学会、学懂短视频后期剪辑的诸多技巧；最后本书还紧跟时代潮流，介绍了如何利用剪映中的AI功能使剪辑更加高效、精确，完成更具创意的短视频作品。

本书适合剪映软件的用户、对短视频制作感兴趣的摄影爱好者、短视频媒体工作者阅读，还可供影视相关专业的学生参考和学习。

◆ 编　著　孙文博　汤　超
　　责任编辑　张　贞
　　责任印制　周昇亮
◆ 人民邮电出版社出版发行　　北京市丰台区成寿寺路 11 号
　　邮编　100164　　电子邮件　315@ptpress.com.cn
　　网址　https://www.ptpress.com.cn
　　北京九天鸿程印刷有限责任公司印刷
◆ 开本：700×1000　1/16
　　印张：11.25　　　　　　　2025 年 7 月第 1 版
　　字数：239 千字　　　　　2025 年 7 月北京第 1 次印刷

定价：59.00 元

读者服务热线：**(010)81055296**　印装质量热线：**(010)81055316**
反盗版热线：**(010)81055315**

# 前 言

影视剧、综艺节目等往往都需要进行大量的剪辑才能在电视台播放。而要从事剪辑工作，需要经过一定的专业培训，并掌握Premiere、Final Cut Pro等专业视频后期软件才能胜任。

但随着"短视频行业"的迅速发展，一些看上去"不那么专业"的视频也能获得几百万，甚至上千万的浏览次数。这些视频，相当一部分是通过简单易上手的手机视频后期制作App剪辑的，其中，"剪映"就是很多"非专业人士"的选择。

有了这些简单的视频后期制作App，即便是视频后期制作"小白"，通过学习，也能够制作出精彩的视频。本书的目的，就是让每个想学习视频后期制作的朋友，都能够学会剪映，掌握视频后期制作的方法。

本书第1章介绍剪辑的必要性；从第2章到第8章，详细讲解剪映的基本使用方法，以及分割、定格、倒放、关键帧、画中画、蒙版等进阶功能，并介绍了如何添加音乐、文字、转场、动画、特效等元素，让视频更精彩；第9章和第10章介绍爆款短视频的剪辑思路和实操案例；第11章讲解了AI功能与剪映结合及剪辑辅助功能。

全书采用"案例式"教学方法，在介绍功能、添加元素时，结合实际的后期案例进行讲解。

对本书而言，案例贯穿全书，从而形成"案例式"的教学体系。

# 目 录

## 第7章
### 调整视频画面影调与颜色

## 第8章
### 添加转场与特效,让视频更酷炫

## 第 9 章
### 爆款视频的剪辑"套路"

## 第 10 章
### 火爆抖音的后期效果实操案例

## 第 11 章
### 用好 AI 技术让剪辑事半功倍

# 第1章

# 理解剪辑的必要性

# 1.1 几乎不可能的"一镜到底"

无论是电影、电视剧，还是抖音、快手等平台上的短视频，几乎所有质量较高的视频都不是"一镜到底"，也就是说都需要在前期拍摄多个镜头（在视频拍摄中，"多个镜头"即多段视频素材），然后通过后期将其拼接在一起，从而讲述一个完整的内容。

为什么绝大多数情况下都不会只通过一个镜头将内容完整展现出来呢？主要有以下4个原因。

## 不同场景无法衔接

假设在一个短视频中，既要表现甲地，又要表现乙地，而甲地与乙地相隔10分钟的路程。那么，在用一个镜头拍摄完甲地后，如果不结束拍摄，就势必要将这10分钟的路程也拍入画面。如此一来，视频就会变得很长，而且充斥着大量的无用内容。因此，一般会在拍摄完甲地后，保存该段视频；然后再拍摄乙地，保存第2段视频，接下来将在甲地与乙地拍摄的两段视频进行拼接，这样即可呈现出一段表现甲、乙两地画面的视频。

如图1-1和图1-2所示的两个场景明显不是同一地点拍摄的，但是通过分段拍摄再剪辑的方法可以让它们成为紧密衔接的两个画面。

图1-1　　　　　　　　　　　　　　　　　　图1-2

## 拍摄容错率极低

要拍出"一镜到底"的画面，就需要摄影师在构图及运镜上不出现丝毫的差错。如果这段视频只有几秒或几十秒，在基本功扎实并且没有意外情况的前提下，是有可能完成的。但如果是几分钟的视频，"一镜到底"则几乎是不可能完成的事，因为任何抖动、运镜后构图的不准确，或者被摄景物出现状况，都会导致整个镜头废掉。因此，为了提高效率，分成多个镜头拍摄，再进行后期剪辑是更明智的做法。

如图1-3和图1-4中展现的多达4个人的对话场景，再加上拍摄时需要不断运镜，很难保证演员或摄影师在"一镜到底"过程中不出问题。

图1-3　　　　　　　　　　　　　　　　　　图1-4

### "一镜到底"往往会让视频显得枯燥

如果一个视频只有一个镜头，往往意味着画面的变化幅度不大。因为拍摄者很难在同一个地方，且连续拍摄的情况下，拍出反差很大的画面。当画面的变化不够丰富时，就容易引起观众的视觉疲劳。所以那些"一镜到底"的视频要不然很短，只介绍一个很短暂的场景，要不然就很乏味，存在大量无用、雷同的画面。通过多个镜头进行后期剪辑呈现的视频画面，不会受到时间及地点的限制，更容易营造出丰富、有创造力的效果。

如图1-5和图1-6所示的两个紧密衔接的画面就出现了明显变化，这只有利用后期剪辑才能做到。

图1-5

图1-6

### 很难拍出持续具有美感的画面

一些精彩的电影，可能每一个画面都具备很高的艺术水准。如果想达到此种效果，势必需要拍摄多个镜头，并从中选择构图、光线完美的部分。如果使用"一镜到底"的拍摄方法，且视频具有一定时长，在不断移动镜头拍摄动态场景时，可能会有部分画面足够精彩，但要想保证每一帧都经得起推敲，如图1-7和图1-8所示，几乎是一件不可能完成的事情。

图1-7

图1-8

## 1.2　视频画面需要节奏与变化

一个视频之所以能够吸引观众看下去，主要原因在于其画面一直在发生变化，观众对画面内容感兴趣，同时也期待着下一个画面。而剪辑正是那个能够让画面持续变化，并在观众想看到下一个画面时，就使这个画面出现的方法。换句话说，剪辑能够让画面以一定节奏进行变化。

## 控制镜头长度影响节奏

镜头的时间长度是控制节奏的重要手段。有些视频需要比较快的节奏，比如图1-9表现的打斗场景，每个镜头时长都会被控制在1秒以内。但抒情类的视频则需要比较慢的节奏。大量使用短镜头可以加快视频节奏，从而给观众带来紧张的气氛；而使用长镜头则减缓了其节奏，可以让观众感到心态舒缓、平和。后期剪辑可以对每一段视频素材的长度进行控制，进而达到控制视频节奏的目的。

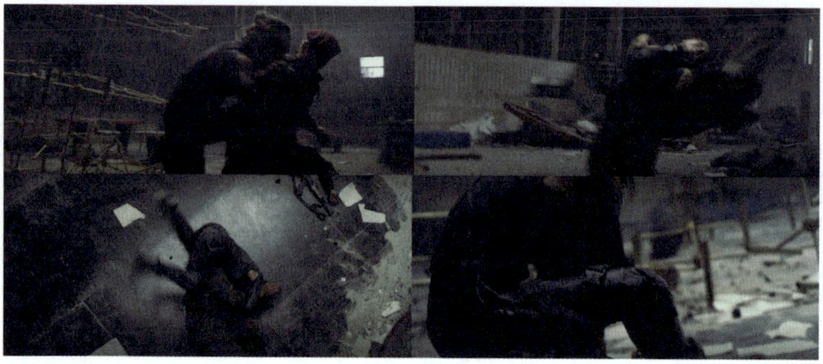

图1-9

## 通过剪辑让画面不断变化

在后期剪辑时，剪辑师可以根据视频的主题调整多个片段的顺序和位置。当多个具有强烈反差的片段衔接在一起时，画面的变化就会让观众持续保持新鲜感，并不由自主地看完整个视频。但也不能为了营造变化而硬将两个完全不相关的画面衔接在一起，这样会影响视频的连贯性。建议在剪辑时添加转场、动画或特效等，让画面之间既有变化，又有联系。

比如图1-10和图1-11展示的两个连接的画面，就是通过拍摄方向和景别的不同让画面发生变化，并以相同的主体人物使画面具有连贯性。

图1-10

图1-11

## 剪辑可以让画面与音乐产生联系

如果说"视频画面的节奏"不好理解，那么"音乐的节奏"想必大家都很熟悉。当画面的交替与音乐的节奏产生联系时，自然就能够制作出有节奏感的视频。音乐卡点视频就是让画面与音乐产生联系最常见的方式。但画面与音乐的联系绝不仅仅是"卡点"这么简单。如图1-12和图1-13所示的两个不同的画面，图1-12稍显平静，所以配乐的节奏相对缓慢；而图1-13是遇险场景，配乐的节奏则非常快，让观众感到紧张。通过剪辑选择与画面氛围一致的音乐，可以让画面感染力更强。

图1-12 图1-13

# 1.3 让画面符合观众的心理预期

一些电影或电视剧，几乎可以让观众一两个小时看下来，目光都离不开屏幕。之所以会这样，正是因为屏幕上持续出现的是观众想看到的画面，而要做到这一点，就必须要对视频素材进行剪辑。

## 剪掉无用的视频片段

一定要剪掉那些无用的视频片段，只保留必要的、精彩的、能够讲明白整个视频内容的画面，从而让观众看到的每一帧画面都是精彩的，都是能对理解整个视频内容起到一定作用的。在将整段视频中无用的片段都剪掉后，视频也会更加紧凑，进而更能保持观众的新鲜感。

如图1-14所示画面用来交代环境，如图1-15所示画面则通过角色交流推进剧情，在拍摄这两个画面时不可能只拍到了成片中展现的时长，势必还有多余的部分，那么就需要进行剪辑。

图1-14 图1-15

## 让画面符合逻辑顺序

什么画面才符合观众心理预期呢？事实上，每个人在看到一个动态画面之后，都会对其未来的走向有一个预判，而这个"预判"是具有基本逻辑顺序的。如图1-16所示，当一个人问另一个人"你想要怎么解释"时，观众脑海中自然会期待另一个人解释的画面。因此，下一个画面就是另一个人的回答"我需要为这事儿解释吗"（如图1-17所示），这与观众的心理预期吻合，可以让故事自然地进行下去。

再举一个例子，比如一段打斗画面，当其中一个人物给了另一个人物重重的一拳时，下一个画面表现什么才能符合观众的心理预期？没错，下一个画面应该表现被打的人伤得有多重。因为根据常规的逻辑关系，一个人被打后，观众肯定会对那个人"被打成什么样"很感兴趣，所以几乎在所有影视剧中，当人物受到了严重的攻击后，都会有一个镜头表现其被攻击后的状态。而这些，都需要通过剪辑来完成。

图1-16  图1-17

### 通过剪辑寻找画面中潜在的联系

有些画面之间的联系不会像"逻辑顺序"这么显而易见。如果整个视频中所有画面之间都通过明显的逻辑顺序连接，一旦画面内容不够新奇，就很容易让观众感觉到乏味。因此，如果可以发现画面之间潜在的联系，并通过后期剪辑将这种联系"放大"，往往能够出人意料，引起观众遐想，并且不会让观众觉得突兀。

比如，一个镜头表现的是一把被扔到垃圾桶的钥匙，紧接着下一个镜头是放学回家的孩子在用钥匙开门，并且给了钥匙一个特写。两个镜头在逻辑顺序上其实完全没有关系，但通过同一个物品"钥匙"，使得画面的转换非常自然，而且势必会引起观众一系列的联想——"这把钥匙为什么会被扔到垃圾桶？""这个孩子是不是遇到了什么危险？"，进而让观众带着好奇心继续观看。

也可以利用情感联系将画面衔接。如图1-18和图1-19所示的两个镜头，乍一看并没有什么联系，但放在整个影片中，就可以让观众了解到主人公参赛时十分忐忑的心情。那么在比赛过程中，穿插些赛前表现犹豫、焦虑的画面就不会让观众感觉突兀了。

图1-18

图1-19

# 1.4 通过剪辑对视频进行二次创作

剪辑之所以能够成为独立的艺术门类，主要原因在于它是对镜头语言和视听语言的再创作。既然提到"创作"，就意味着即便是相同的视频素材，通过不同的方式进行剪辑，也可以形成画面效果、风格，甚至情感都完全不同的视频。

而剪辑的本质，其实就是对视频画面中的人或物进行解构再重组的过程。

## 剪辑可以重塑视频

对于一些看似平淡无奇的画面，通过剪辑使其跨越时间与空间组合在一起后，也许就能形成不可思议的效果。比如，已经成为一种视频类别的"鬼畜视频"，其实就是通过变速、倒放这两个剪辑方法，将一些生活中的片段拼凑在一起，再将"重复"的动作与"重复"的音乐进行匹配，化腐朽为神奇，让普通场景变得颇有看点。

除此之外，如图1-20和图1-21所示，为视频增加特效或动画也是重塑视频的常用方法，可以让画面更精彩，更吸引观众。一些特效与动画的组合，还能够产生"化学变化"，为视频带来更多看点。

图1-20

图1-21

## 发挥自己的想象力

通过后期剪辑可以实现你想得到的所有效果，就怕你想不出那些有创意的画面。所以对于剪辑而言，"脑洞"，也就是想象力非常重要。其实，在开始拍摄之前，脑海中就应该对剪辑后的效果形成一个雏形。无论是前期拍摄还是后期剪辑，都是为了实现脑海中的效果。因此，为了能够剪辑出那些天马行空的视频，要多激发自己的灵感，再通过拍摄与剪辑将灵感转变为实际的画面。

值得一提的是，一些剪辑师自己不拍摄视频，而是从网络上购买视频素材或者使用无版权视频素材进行混剪，从而实现脑海中的画面。如图1-22和图1-23所示的画面就来自一段混剪视频，这段视频将一系列看似毫无关系，但却能表现人类伟大创造力的画面混剪在一起，表达了剪辑者赞美人类的主观思想。这也证明了，剪辑绝对不仅仅指的是将前期拍摄的视频按照顺序进行拼接，更多的是根据剪辑师的想法，让画面变得更具主观性。

图1-22

图1-23

## 加入个人的理解

无论剪辑自己录制的视频素材，还是其他摄影师录制的素材，在尽量还原分镜头脚本中预期的效果的前提下，都还可以适当加入个人对画面的理解，从而让视频在画面的衔接、节奏及情感表达上更加流畅和完整。

在影视剧创作中，导演甚至会征求剪辑师的意见来确定拍摄方案。这足以证明剪辑不是机械的，而是需要融入个人理解的。

## 利用背景音乐、音效、调色等进行二次创作

通过剪辑对视频进行二次创作，不仅仅是调整各视频片段的顺序与衔接，来营造不同的观看体验，还要综合利用背景音乐、音效、调色来强化画面的情感和情绪表达，让观众更容易沉浸在画面所营造的氛围之中。

如图1-24和图1-25所示的视频画面就是通过将色调处理为冷色调，来营造未来高科技社会的冰冷感。

图1-24

图1-25

# 第 2 章

# 掌握剪映，从界面功能开始

# 2.1 玩转剪映，从认识界面开始

将一段视频素材导入剪映后，即可看到其编辑界面。该界面由三部分组成，分别为预览区、时间线和工具栏。

## 查看后期效果——预览区

预览区的作用在于可以实时查看视频画面。随着时间轴处于视频轨道不同的位置，预览区会显示当前时间轴所在那一帧的图像。

可以说，视频剪辑过程中的任何一个操作，都需要在预览区中确定其效果。当对完整视频进行预览后，发现已经没有必要继续修改时，一个视频的后期制作就完成了。

如图2-1所示，预览区左下角显示"00:00/00:07"，其中"00:00"表示当前时间轴位于的时间刻度为"00:00"；"00:07"则表示视频总时长为7秒。

点击预览区下方的▶图标，即可从当前时间轴所处位置播放视频；点击◀图标，即可撤回上一步操作；点击▶图标，即可在撤回操作后，再将其恢复；点击▣图标可全屏预览视频。

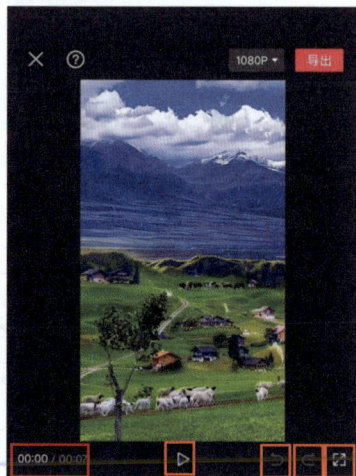

图2-1

## 后期操作的"集中地"——时间线

在使用剪映进行视频后期制作时，90%以上的操作都是在时间线区域中完成的，该区域范围如图2-2所示。

### 时间线中的轨道

占据时间线区域较大比例的是各种"轨道"。图2-2中有草原图案的是主视频轨道；橘黄色的是贴纸轨道；橘红色的是文本轨道。

在时间线中还有其他各种各样的轨道，如特效轨道、音频轨道、滤镜轨道等。通过各种轨道的首尾位置，即可确定其时长及效果的作用范围。

### 时间线中的时间轴

时间线区域中那条竖直的白线就是时间轴，随着时间轴在视频轨道上移动，预览区域就会显示当前时间轴所在那一帧的画面。在进行视频剪辑及确定特效、贴纸、文字等元素的作用范围时，往往都需要移动时间轴到指定位置，然后再移动相关轨道至时间轴，以实现精确定位。

图2-2

#### 时间线中的时间刻度

在时间线区域的最上方是一排时间刻度。通过该刻度，可以准确判断当前时间轴所在时间点。其更重要的作用在于，随着视频轨道被"拉长"或者"缩短"，时间刻度的"跨度"也会跟着变化。

当视频轨道被拉长时，时间刻度的跨度最小可以达到1帧/节点，有利于精确定位时间轴的位置，如图2-3所示；而当视频轨道被缩短时，则有利于时间轴快速在较大时间范围内移动。

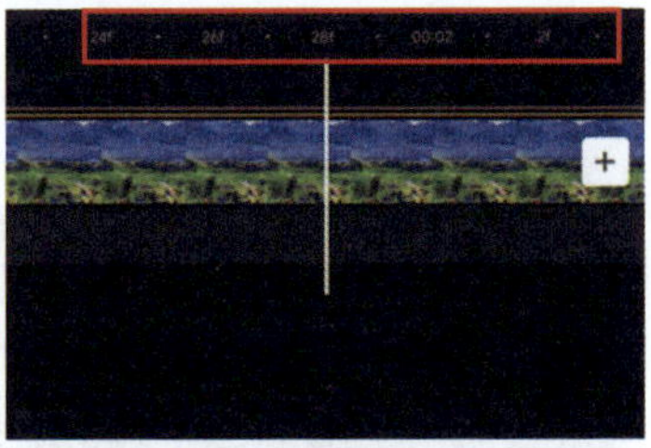

图2-3

## 多样功能这里找——工具栏

在剪映编辑界面的最下方即为工具栏。剪映中的所有功能几乎都需要在工具栏中选择。在不选中任何轨道的情况下，剪映所显示的为一级工具栏，点击相应选项，即会进入二级工具栏。

值得注意的是，当选中某一轨道后，剪映工具栏会随之发生变化，变成与所选轨道相匹配的工具。比如，图2-4所示为选中视频轨道时的工具栏，而图2-5所示则为选择文本轨道时的工具栏。

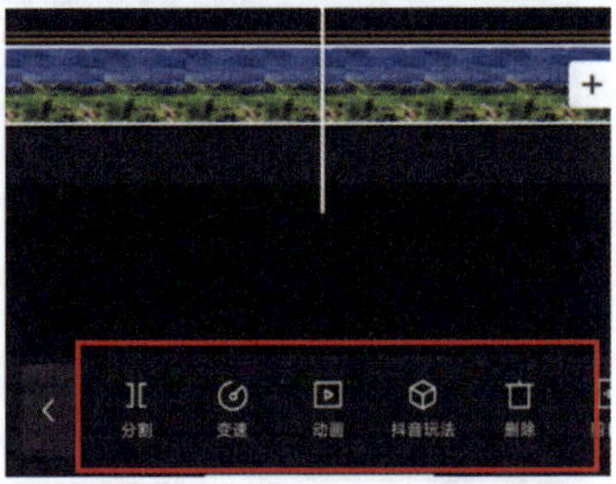

图2-4

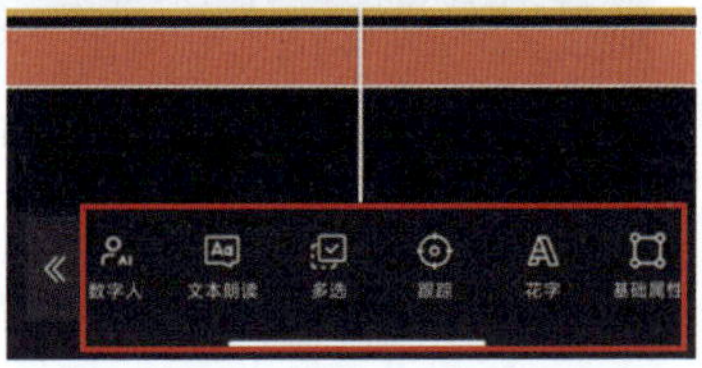

图2-5

# 2.2 界面大变样的剪映专业版

剪映专业版是剪映手机版被移植到电脑上的版本，所以总体来说操作的底层逻辑与手机版剪映几乎完全相同，如图2-6所示。由于电脑的屏幕较大，剪映专业版在界面上会有一定变化。只要了解了各个功能和选项的位置，在学会了手机版剪映操作的情况下，也就自然知道如何通过剪映专业版进行剪辑。

剪映专业版主要包含6大区域，分别为工具栏、素材区、预览区、细节调整区、常用功能区和时间线区域，如图2-7所示。在这6大区域中，分布着剪映专业版所有的功能和选项。其中，占据空间最大的是时间线区域，而该区域也是视频剪辑的主要"战场"。剪辑的绝大部分工作，都是在对时间线区域中的轨道进行编辑，从而实现预期的画面效果。双击剪映图标，单击"开始创作"，即可进入剪映专业版编辑界面。

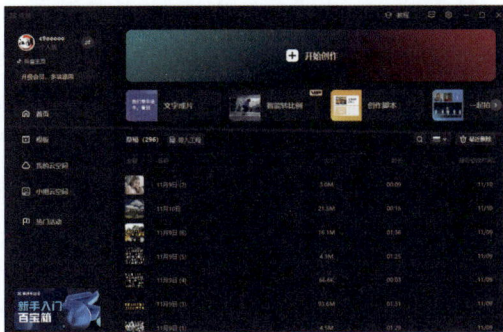

图2-6

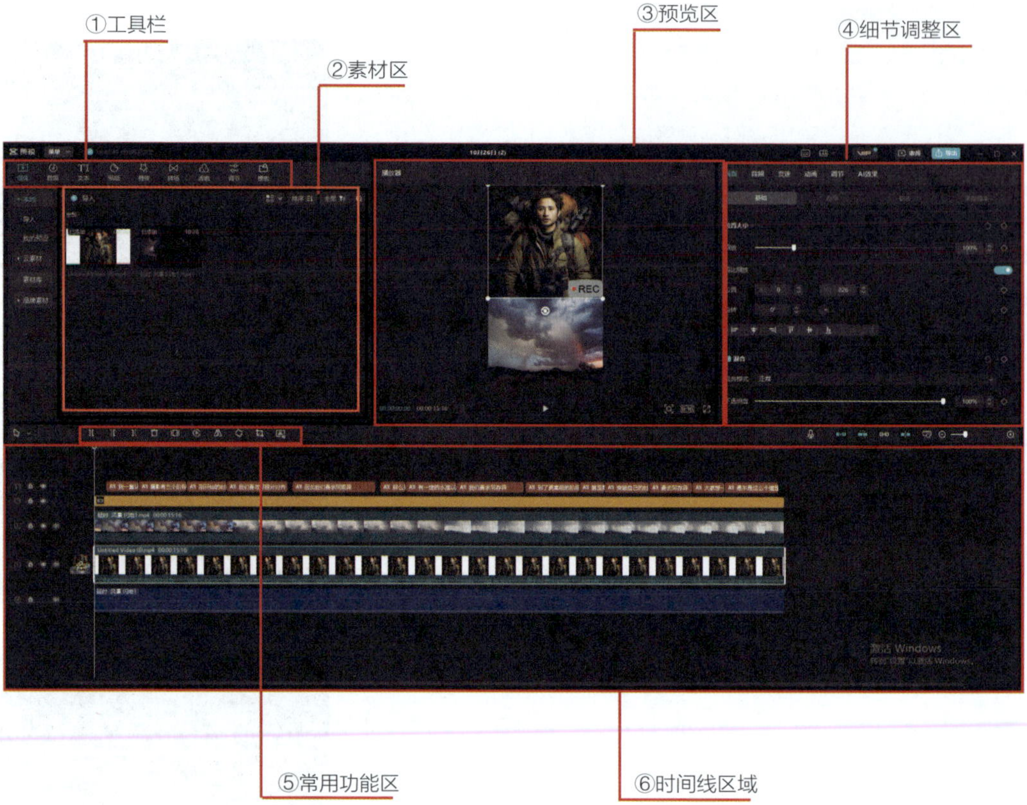

①工具栏　②素材区　③预览区　④细节调整区

⑤常用功能区　⑥时间线区域

图2-7

①工具栏：工具栏中包含"媒体""音频""文本""贴纸""特效""转场""滤镜""调节""模板"9个选项。单击"媒体"选项后，可以选择从"本地"导入素材至素材区，或者通过"云素材""素材库""品牌素材"查找相应素材。

②素材区：无论是从本地导入的素材，还是选择了工具栏中的"贴纸""特效""转场"等工具，可用素材、效果，均会在"素材区"显示。

③预览区：后期过程中，可随时在预览区查看效果。单击预览区右下角的 ▣ 图标可进行全屏预览；单击右下角的 原始 图标，可以调整画面比例。

④细节调整区：当选中时间线区域中的某一轨道后，在细节调整区即会出现可针对该轨道进行的细节设置。选中视频轨道、文本轨道和贴纸轨道时，细节调整区分别如图2-8、图2-9和图2-10所示。

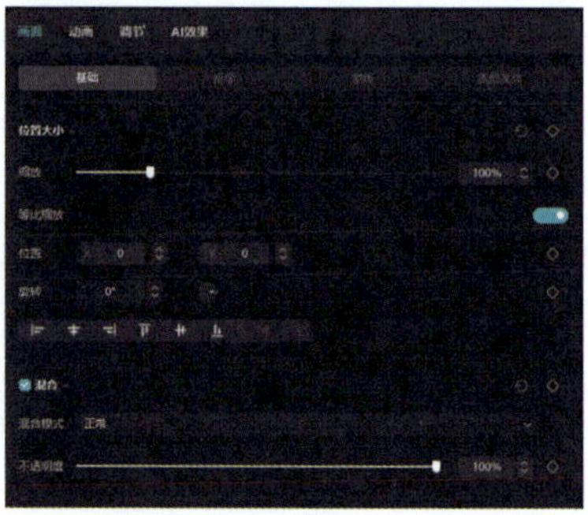

图2-8

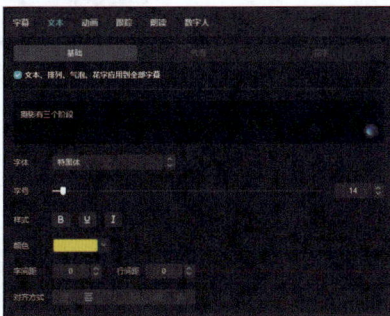

图 2-9

图 2-10

⑤常用功能区：在常用功能区中可以快速对视频轨道进行分割、删除、定格、倒放、镜像、旋转和裁剪等操作。

另外，如果操作有误，单击该功能区中的⤺图标，即可将上一步操作撤回。单击⤢图标，即可将单击鼠标的作用设置为"选择"或"切割"。当设置为"切割"时，在视频轨道上单击鼠标左键，即可在当前位置分割视频。

⑥时间线区域：时间线区域中包含3大元素，分别为轨道、时间轴和时间刻度。

由于剪映专业版界面较大，所以不同的轨道可以同时显示在时间线中，如图2-11所示。这点相比手机版剪映优势明显，可以提高后期处理效率。

图 2-11

---

　　**小提示**：在使用手机版剪映时，由于图片和视频都能在"相册"中找到，所以"相册"就相当于剪映的素材区。但对于专业版剪映而言，电脑中往往并没有固定的存储所有图片和视频的文件夹。所以，专业版剪映才会出现单独的素材区。

　　因此，使用专业版剪映进行后期处理的第一步，就是将准备好的一系列素材全部添加到剪映的素材区中。在后期过程中，需要哪个素材，直接将其从素材区拖动到时间线区域即可。

　　另外，如果需要将视频轨道拉长，从而精确选择动态画面中的某个瞬间，可以通过时间线区域右侧的 ⊖—■——⊕ 滑块进行调节。

# 2.3  精确定位时间点的时间轴

通过上文已经了解，时间轴是时间线区域中的重要元素。在视频后期制作中，熟练运用时间轴可以让素材之间的衔接更流畅，让效果的作用范围更精确。

## 用时间轴精确定位精彩瞬间

当从一个镜头中截取视频片段时，只需要在移动时间轴的同时观察预览画面，即可通过画面内容来确定截取视频的开头和结尾。以图2-12和图2-13为例，利用时间轴可以精确定位到视频中骑车少年从人物后方到出画位置的画面，从而确定所截取视频的开头（3秒过10帧）和结尾（5秒过15帧）。

通过时间轴定位视频画面几乎是所有后期中的必做操作。因为对于任何一种后期效果，都需要确定其"覆盖范围"。而"覆盖范围"其实就是利用时间轴来确定起始时刻和结束时刻。

图2-12

## 让时间轴快速大范围移动

在处理长视频时，由于时间跨度比较大，所以从视频开头移动到视频末尾就需要较长的时间。

此时，可以将视频轨道"缩短"（两个手指按在屏幕上并拢，同缩小图片的操作），从而让时间轴移动较短距离，就能实现视频时间刻度的大范围跳转。

比如图2-14所示，由于每一格的时间跨度较长，因此在这种时间较长的视频中，将时间轴从开头移动到结尾可以在极短时间内完成。

另外，时间轨道缩短后，每一段视频在界面中显示的"长度"也变短了，从而可以更方便地调整视频排列顺序。

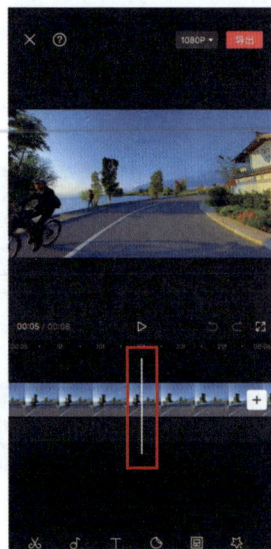

图2-13

## 以帧为单位进行精确定位

拉长时间线到一定程度后（两个手指按在屏幕上分开，同放大图片的操作），时间刻度将以"帧"为单位显示。

动态的视频其实就是快速连续播放多个静态的画面所呈现的效果。组成一个视频的每一个画面，就被称为"帧"。

手机录制视频的帧率一般为30fps，也就是每秒连续录制30个画面。

所以，当将视频轨道拉至最长后，每一帧的画面都会被显示出来，从而极大地提高画面选择的精度。

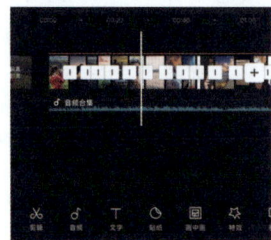

图2-14

例如，图2-15所示的14f（第14帧）的画面和图2-16所示的19f（第19帧）的画面就存在细微的区别。在拉长轨道后，可以通过时间轴在这细微的区别中进行选择。

图2-15　　　　　　　　　　图2-16

# 2.4　视频剪辑其实就是编辑各种轨道

视频后期制作过程中，绝大多数时间都是在处理轨道。因此，掌握了对轨道进行简单操作的方法，就算迈出了视频后期的第一步。

## 调整素材的顺序

利用视频后期中的轨道，可以快速调整多段视频的排列顺序。

❶ 缩短时间线，让每一段视频都能显示在编辑界面中，如图2-17所示。

❷ 长按需要调整位置的视频片段，并将其拖曳到目标位置，如图2-18所示。

❸ 手指离开屏幕后，即完成视频素材顺序的调整，如图2-19所示。

图2-17　　　　　　　　图2-18　　　　　　　　图2-19

可以利用相似的方法调整其他轨道上素材的顺序或者改变素材所在的轨道。

图 2-20 中有两条音频轨道。如果想让配乐在时间线上不重叠，可以长按其中一条音频并拖曳，将其与另一条音频放在同一轨道上，如图 2-21 所示。

图 2-20                              图 2-21

## 调节视频片段时长

在后期剪辑时，经常会出现需要调整视频长度的情况。下面介绍快速调节的方法。

❶ 选中需要调节长度的视频片段，如图 2-22 所示。

❷ 拖动左侧或右侧的白色边框，即可增加或缩短视频长度。拖动时，视频片段时长会在左上角显示，如图 2-23 所示。需要注意的是，如果视频片段已经完整呈现在轨道中，则无法继续增加其长度。

❸ 当调整视频片段边框至时间轴附近时，会有吸附效果，如图 2-24 所示。可以提前确定好时间轴的位置，以便更精准地调节视频片段。

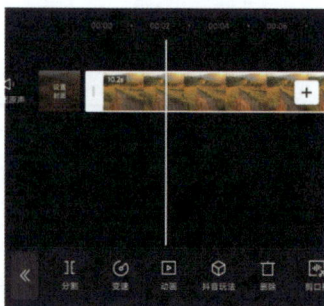

图 2-22                 图 2-23                 图 2-24

## 调整效果覆盖范围

无论是添加文字，还是添加音乐、滤镜、贴纸等效果，都需要确定其覆盖的范围，也就是确定从哪个画面开始到哪个画面结束应用这种效果。

❶ 移动时间轴确定应用该效果的起始画面，然后长按效果片段并拖曳（此处以特效为例），将效果片段的左侧边框与时间轴对齐。当效果片段边框移动到时间轴附近时，就会被自动吸附过去，如图 2-25 所示。

❷ 接下来点击一下效果片段，使其边缘出现白框。移动时间轴至计划应用该效果的结束画面，如图 2-26 所示。

❸ 拉动白框右侧的白框部分，将其与时间轴对齐，如图 2-27 所示。同样地，效果片段边框被拖动至时间轴附近时，就会被自动吸附，所以不用担心能否对齐。

图 2-25 　　　　　　　　　　　图 2-26 　　　　　　　　　　　图 2-27

## 让一段视频包含多种效果

一段视频在同一时间段内，可以具有多个轨道，比如音乐轨道、文本轨道、贴图轨道、滤镜轨道等。所以，当播放这段视频时，就可以同时加载覆盖了这段视频的所有效果，最终呈现出丰富多彩的视频画面，如图 2-28 所示。

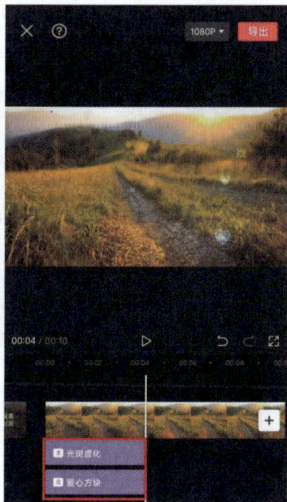

图 2-28

# 2.5 通过案例掌握剪映专业版基础操作

前面的内容均以剪映手机版为例进行讲解。下面通过一个图片、音乐卡点视频的实操案例来体会剪映专业版与手机版在操作上的不同，并且让大家熟悉一下专业版各个功能和选项的具体位置。

## 步骤一：提取背景音乐并为其添加节拍点

音乐卡点视频从抖音正式走进大众视野以来经久不衰，一直是短视频平台上的热度"常青树"。音乐卡点指通过将音乐与画面进行精确配合，创造出一种画面与音乐完美同步的效果。通过画面与音乐节奏的紧密呼应，营造视听上的冲击力和刺激感。

❶ 先寻找合适的歌曲作为背景音乐，可以从音乐库中寻找，也可以从其他视频中提取。这里使用其他视频的背景音乐。单击界面左上角的"音频"选项，选择"链接下载"，如图2-29所示。

❷ 将抖音视频链接粘贴进提取框内，得到视频背景音乐，如图2-30所示。

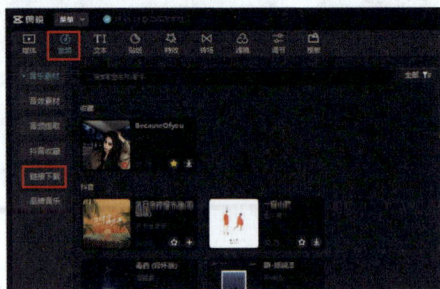

图2-29

图2-30

❸ 单击音频素材右下角的 ➕ 图标，如图2-31所示。

❹ 此时，音频素材即被添加至时间线区域中，如图2-32所示。

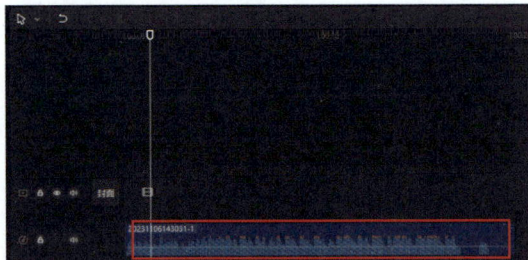

图2-31 图2-32

❺ 对于提取的音频，可以使用"自动踩点"功能自动添加节拍点，也可在节拍点处单击 图标手动添加节拍点。如图2-33所示，音频波形图上波形较长的多为鼓点或重音，这里直接单击"AI踩点"中的"踩节拍Ⅱ"即可。

图2-33

❻ 节拍点确定后，数一下节拍点的数量，根据自己的视频素材选择合适的卡点节奏，可以减去一些节拍点，只要能在不影响视听的前提下保持视频流畅度与节奏感就好。

## 步骤二：准备文字素材并与节拍点相匹配

音乐与节拍点确定之后，就可以准备图片素材了。具体方法如下所述。

❶ 确定好节拍点之后，先为视频制作一个吸引人的开头，将一段人物雨天漫步的俯拍素材导入时间轴内，利用蒙版的遮挡完成一个文字渐现的过程，如图2-34所示。也可以通过其他的方式来为接下来的画面做铺垫。

❷ 单击界面左上方的"媒体"选项，选择"本地"，将视频所需照片添加至素材库内，然后将它们导入时间线区域内，如图2-35所示。

图2-34

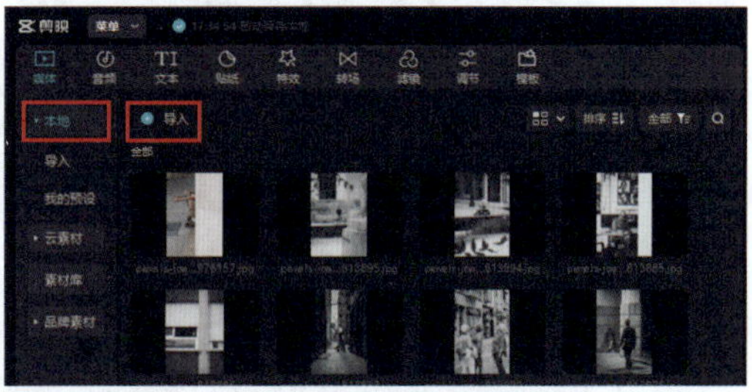

图2-35

❸ 因为剪映默认导入图片的时长为5秒，所以全选轨道内的图片素材，将它们的时长缩短以便观察时间线上的节拍点与图片间隔的时间，如图2-36所示。

❹ 观察节拍点，如图2-37所示，画面节拍点过于密集，这样不仅需要更多的卡点素材，而且会因为每个素材衔接过快导致观众根本没办法仔细观看每个画面。所以要通过减少部分节拍点的方式，增加单幅画面在视频中所占时长，从而避免引发观众视觉疲劳并失去兴趣。

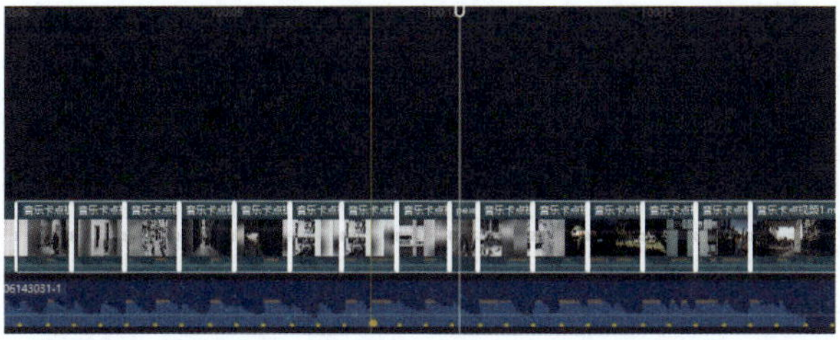

图2-36

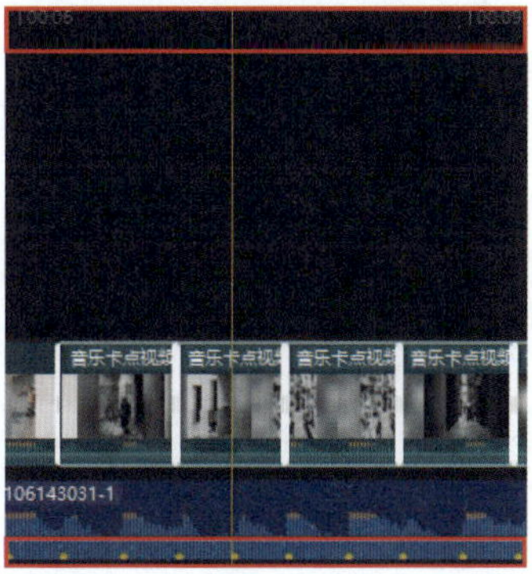

图2-37

❺ 观看音频轨道波形，保留轨道中位于音频波形起伏位置的节拍点，如图2-38所示。调整图片素材位置，使其长度与音频节拍点位置对齐。

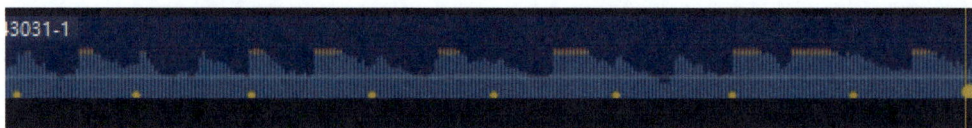

图 2-38

❻ 调整完成之后便可在预览窗口进行播放查看，来确保画面节奏和音乐节拍达到完美契合，如图 2-39 所示。

图 2-39

小提示：在将视频所需片段与节拍点对齐的过程中，需要反复试看视频，以保证素材的显示时间足够观众将其看完整，避免节拍点间隔太短，导致素材一闪而过。但素材的显示时间又不能太长，否则会损失音乐的节奏感。所以这个"度"就需要剪辑者自己来把握。通常而言，音乐卡点视频的背景音乐节奏往往很快，所以文字卡点大概率会出现显示时间过短的问题，此时就可以中间间隔一个节拍点，比如本节案例中就是这样处理的。

# 第 3 章

# 了解视频剪辑全流程

在认识剪映的界面并掌握其基础操作后，就可以开始进行第一次视频后期剪辑了。接下来将通过一个完整的后期剪辑案例流程，帮助读者能够快速上手剪辑视频。

# 3.1 导入视频

## 导入视频的基本方法

❶ 打开剪映 App 后，点击"开始创作"选项，如图3-1所示。

❷ 在进入的界面中选择希望处理的视频，然后点击界面下方的"添加"按钮，即可将选中视频导入剪映。

当选择了多个视频导入剪映时，其在编辑界面的排列顺序将与选择顺序一致，并且在如图3-2所示的导入视频界面中，也会出现序号。当然，导入素材后，在编辑界面中也可以随时改变视频排列顺序。

图3-1                  图3-2

## 导入视频即完成视频制作的方法

使用剪映"剪同款"功能，可以通过选择"模板"的方式，在导入素材后自动生成带有特效的视频。

❶ 打开剪映后，点击界面下方的📷图标（剪同款），即可显示多个视频，如图3-3所示。

❷ 选择一个喜欢的视频，并点击界面右下角的"剪同款"选项，如图3-4所示。

❸ 不同模板需要的素材数量不同，此处所选视频模板需要添加16段素材。选定需要添加的素材后，点击右下角的"下一步"选项，如图3-5所示。

需要注意的是，素材数量不能多也不能少，必须正好为所需素材数量才能够继续进行制作。

❹ 片刻之后，剪映就自动将所选视频制作成模板的效果。点击"文本"选项，还可以对模板中的文字进行更改，如图3-6所示。

> **小提示：** 使用"剪同款"功能虽然可以快速得到具有一定效果的视频，但是却无法根据自己的需求进行修改。因此，如果想做出完全符合自己预期效果的视频，依然需要对剪映进行学习。不过，如果自己没有后期思路，可以去剪同款中看一看有哪些有趣的效果，没准儿就会为你带来灵感。

| 图 3-3 | 图 3-4 | 图 3-5 | 图 3-6 |

## 使用"抖音玩法"进行视频制作

与"剪同款"相似的还有新增的"抖音玩法"功能，不同于常规"特效""贴纸"等功能，"抖音玩法"功能借助 AI 工具实现了卡点、运镜、变装、场景替换、人物风格转换、绘画、变脸等一系列新增效果，不拘泥于固有的格式，画面玩法更多样，趣味性更强。

下面通过实战案例，讲解此功能的具体使用方法。

❶ 打开剪映 App，点击"开始创作"，添加一张图片素材。

❷ 点击"剪辑"，在其下一级菜单中选择"抖音玩法"，从中找到"运镜"—"无限穿越"，点击套用无限穿越效果，如图 3-7 所示。

❸ 等待 AI 生成绘制，如图 3-8 所示，即可生成一个漫画穿越转场视频，如图 3-9 所示。

| 图 3-7 | 图 3-8 | 图 3-9 |

## 3.2　设置适合画面内容的视频比例

无论将制作好的视频发布到抖音还是小红书，均建议将画面比例设置为9:16。因为在竖持手机时，该比例的视频可以全屏显示。

在刷短视频时，大多数人会竖持手机，所以9:16的画面比例对于观众来说更方便观看。

❶ 打开剪映App，点击界面下方的"比例"选项，如图3-10所示。

❷ 在界面下方选择所需的视频比例，建议设置为"9:16"，如图3-11所示。

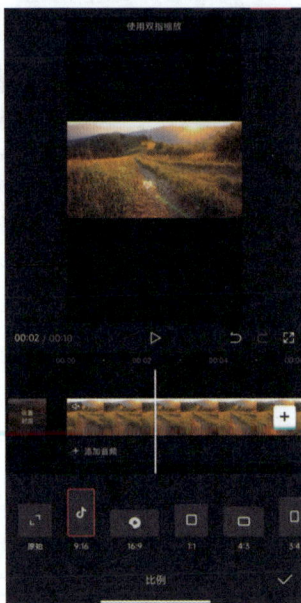

图3-10　　　　　　　　　　　　　　图3-11

## 3.3　添加背景让"黑边"消失

在调节画面比例之后，如果视频画面与所设比例不一致，画面四周可能会出现黑边。防止黑边出现的一种方法就是添加"背景"。

❶ 将时间轴移动到希望添加背景的视频轨道内，点击界面下方的"背景"选项，如图3-12所示。注意，添加背景时不要选中任何片段。

❷ 从"画布颜色""画布样式""画布模糊"中选择一种背景风格，如图3-13所示。其中"画布颜色"为纯色背景；"画布样式"为有各种图案的背景；"画布模糊"为将当前画面放大并模糊后作为背景。建议选择"画布模糊"风格，因为该风格的背景与画面的割裂感最小。

❸ 此处以选择"画布模糊"风格为例。当选择该风格后，可以设置不同模糊程度的背景，如图3-14所示。

需要注意的是，如果此时视频中已经有多个片段，那么背景只会加载到时间轴所在的片段上；如果需要为其余所有片段均增加同类背景，则需要点击图3-14左下方的"全局应用"选项。

图3-12　　　　　　　　　　　图3-13　　　　　　　　　　　图3-14

## 3.4　让视频素材充满整个画面的方法

在统一画面比例后，也可以通过调整视频画面的大小和位置使其覆盖整个画布，避免出现"黑边"的情况。

❶ 在视频轨道中选中需要调节大小和位置的视频片段，如图3-15所示。

❷ 使用双指放大画面，使其填充整个画布，如图3-16所示。

❸ 由于原始画面的比例发生了变化，所以要适当调整画面位置，使画面构图更好看。在预览区按住画面拖动即可调节其位置，如图3-17所示。

图3-15　　　　　　　　　　　图3-16　　　　　　　　　　　图3-17

## 3.5　剪辑视频让多段素材的衔接更流畅

　　将视频片段按照一定顺序组合成一个完整视频的过程，就叫作剪辑。

　　即使整个视频只有一个镜头，也可能需要将多余的部分删除掉，或者是将其分成不同的片段，重新进行排列组合，进而使观众产生完全不同的视觉感受，这同样也是剪辑。

　　剪映中与剪辑相关的工具基本都在"剪辑"选项中，如图3-18所示。其中常用的工具为"分割""变速"和"动画"，如图3-19所示。

　　另外，为视频片段间添加转场效果也是剪辑中的重要操作，可以让视频更流畅、自然。图3-20所示为"转场"编辑界面。

图3-18　　　　　　　　　　　图3-19　　　　　　　　　　　图3-20

## 3.6　润色视频营造画面氛围

　　与图片后期处理相似，一段视频的影调和色彩也可以通过后期制作来调整。

　　❶ 打开剪映后，选中需要进行润色的视频片段，点击界面下方的"调节"选项，如图3-21所示。

　　❷ 选择"对比度""饱和度""光感""锐化""HSL"等工具，拖动滑动条，即可实现对画面明暗、色彩的调整，如图3-22所示。

　　❸ 也可以点击图3-21中的"滤镜"选项，在如图3-23所示的界面中，通过添加滤镜来调整画面的影调和色彩。拖动滑动条，可以控制滤镜的强度，得到理想的画面色调。

图 3-21

图 3-22

图 3-23

除了改变画面的色彩和影调之外，添加特效、动画、贴纸等，也是润色视频的常用方法。

❹ 点击界面下方的"特效"选项，再点击不同效果的缩略图，即可添加特效，如图 3-24 所示。

❺ 选中视频片段后，点击界面下方"动画"选项，即可为画面添加动画，实现多种动态效果，如图 3-25 所示。

图 3-24

图 3-25

# 3.7　添加一段好听的背景音乐

通过剪辑将多个视频串联在一起，再对画面进行润色之后，其在视觉上的效果就基本确定了。接下来，则需要对视频进行配乐，进一步烘托短视频所要传达的情绪与氛围。

❶ 在添加背景音乐之前，首先点击视频轨道下方的"添加音频"字样，或者点击界面左下角的"音频"选项，如图 3-26 所示，进入音频编辑界面。

② 点击界面左下角的"音乐"，如图 3-27 所示，即可选择背景音乐。若在该界面点击"音效"，则可以选择一些简短的音频，针对视频中某个特定的画面进行配音。

③ 进入音乐选择界面后，点击音频右侧的⬇图标，即可下载该音频，如图 3-28 所示。

④ 下载完成后，⬇图标会变为"使用"字样，如图 3-29 所示。点击该字样，即可将所选音乐添加至视频。

图 3-26      图 3-27      图 3-28      图 3-29

## 3.8 导出做好的视频

对视频进行剪辑、润色并添加背景音乐后，就可以将其导出保存或者上传到抖音中发布了。

① 点击剪映右上角的"1080P"字样，如图 3-30 所示。

② 弹出如图 3-31 所示的界面，对"分辨率"和"帧率"进行设置，然后点击右上角的"导出"即可。一般情况下，"分辨率"设置为 1080p，"帧率"设置为 30 即可。如果有充足的存储空间，则建议将"分辨率"和"帧率"均设置为最高。

③ 成功导出后，即可在相册中查看该视频，或者点击"抖音""西瓜视频"直接进行发布，如图 3-32 所示。若点击界面右侧的"更多"，则可分享到"今日头条"。

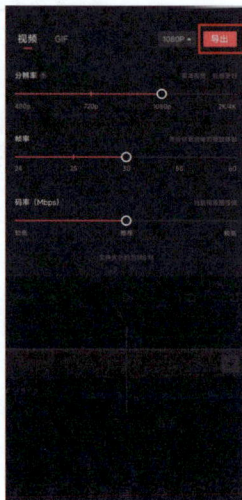

图 3-30      图 3-31      图 3-32

# 第4章

# 添加文字，
# 让视频更有说服力

为了让视频的信息更丰富、重点更突出，很多视频都会添加一些文字，比如标题、字幕、关键词、歌词等。除此之外，为文字增加动画或特效，并将其安排在恰当的位置，还能令视频画面更具美感。

本章将专门针对剪映中与文字相关的功能进行讲解，让读者能制作出图文并茂的视频。

# 4.1 好看的标题是视频的"门面"

❶ 将视频导入剪映后，点击界面下方的"文字"选项，如图4-1所示。

❷ 继续点击界面下方的"新建文本"选项，如图4-2所示。

❸ 输入希望作为标题的文字，如图4-3所示。

❹ 点击"样式"选项，即可更改字体和颜色，如图4-4所示。而文字的大小则可以通过"放大"或"缩小"的手势进行调整。

❺ 为了让标题更突出，将文字的颜色设定为橘黄色后，点击界面下方的"描边"选项，将边缘设

图4-1

图4-2

图4-3

图4-4

为蓝色，从而利用对比色让标题更鲜明，如图4-5所示。

❻ 确定好标题的样式后，还需要通过文本轨道和时间线来确定标题显示的时间。在本案例中，因为希望标题始终能呈现在视频界面上，所以文本轨道完全覆盖视频轨道，如图4-6所示。

图4-5

图4-6

## 4.2 添加字幕完善视频内容

❶ 将视频导入剪映后，点击界面下方的"文字"选项，并选择"识别字幕"，如图4-7所示。

❷ 在点击"开始匹配"之前，建议勾选"同时清空已有字幕"选项，防止在反复修改时出现字幕错乱的问题，如图4-8所示。

❸ 自动生成的字幕会出现在视频下方，如图4-9所示。

图4-7

图4-8

图4-9

❹ 点击字幕并拖动，即可调整其位置。通过"放大"或"缩小"的手势，可调整字幕大小，如图4-10所示。

❺ 值得一提的是，当对其中一段字幕进行修改后，其余字幕将自动进行同步修改（默认设置下）。比如在调整位置并放大图4-10中的字幕后，图4-11中字幕的位置和大小也将同步得到修改。

❻ 同样，字幕的颜色、字体也可以进行调整，如图4-12所示。另外，如果取消勾选图4-12中红框内的选项，则可以在不影响其他段字幕效果的情况下，单独对一段字幕进行修改。

图4-10

图4-11

图4-12

# 4.3 "会动的文字"可以这样添加

## 利用动画让文字动起来

如果想让画面中的文字动起来，最常用的方法就是为其添加"动画"。具体方法如下所述。

❶ 选中一段文本轨道，选择合适的字体进行更改，如图4-13所示。

❷ 单击界面下方的"动画"选项，并选择为文字添加入场动画、出场动画，还是循环动画。入场动画往往和出场动画一同使用，从而让文字的出现与消失都更自然。选中其中一种入场动画后，下方会出现控制动画时长的滑动条（蓝色），如图4-14所示。

❸ 选择一种出场动画后，会出现控制动画时长的滑动条（红色），如图4-15所示。

❹ 循环动画往往需要文字在画面中长时间停留，且在希望其处于动态效果时才会使用。需要注意的是，循环动画不能与入场动画和出场动画同时使用。一旦设置了循环动画，即使之前已经设置了入场动画或出场动画，也会自动取消。

并且，在设置了循环动画后，界面下方的动画时长滑动条将更改为动画速度滑动条，如图4-16所示。

| 图4-13 | 图4-14 | 图4-15 | 图4-16 |

> **小提示：** 应该通过视频的风格和内容来选择合适的文字动画。比如，当制作"日记本"风格的短视频时，如果文字标题需要长时间出现在画面中，那么就适合使用循环动画中的"轻微抖动"或者"调皮"效果，从而既避免了画面死板，又不会因为文字动画幅度过大影响视频表达。一旦选择了与视频内容不相符的文字动画效果，就很可能让观众的注意力难以集中在视频本身。

# 打字动画效果制作方法

很多视频的标题都是通过打字效果进行展示的。这种效果的关键在于文字入场动画与音效配合。下面，就通过一个简单的实例教学，来展示如何灵活运用为文字添加动画的功能来实现打字的效果。

❶ 选择希望制作打字效果的文字，并添加入场动画分类下的"打字机Ⅰ"，如图4-17所示。

❷ 依次点击界面下方"音频"和"音效"选项，添加"机械"分类下的"打字机键盘敲击声2"音效，如图4-18所示。

❸ 为了让打字声音效与文字出现的时机相匹配（文字在视频一开始就逐渐出现），需适当减少打字声音效的开头部分，并将多余的音效删掉，只保留1.6秒左右，如图4-19所示。

图4-17

图4-18

图4-19

❹ 要让文字随着打字声音效逐渐出现，所以要调节文字动画的速度。再次选择文本轨道，点击界面下方"动画"选项，如图4-20所示。

❺ 适当增加动画时间，并反复试听，直到最后一个文字出现的时间点与打字声音效结束的时间点基本一致即可。对本案例而言，当入场动画时长设置为1.5秒时，与打字声音效基本匹配，如图4-21所示。至此，打字效果制作完成。

图4-20

图4-21

# 4.4 学会这个功能，让视频自己会说话

想必大家在刷抖音时总是会听到很多熟悉的声音，这些声音在教学类、搞笑类、介绍类短视频中都很常见。其实这些声音大部分都是通过剪映内的"文本朗读"功能来实现的。

❶ 选中已经添加好的文本轨道，点击界面下方的"文本朗读"选项，如图4-22所示。

❷ 在弹出的选项中，即可选择喜欢的音色。剪映内置了大量不同类型的配音可供选择，比如，"猴哥""八戒""海绵宝宝"等动漫人物配音，以及"东北老铁""河南大叔""天津小哥"等方言配音。这里选择"东北老铁"音色，如图4-23所示。

❸ 单击"✓"选项后，视频中就会自动出现所选文本的语音。利用同样的方法，即可让其他文本轨道也自动生成语音。但这时会出现一个问题，相互重叠的文本轨道导出的语音也会互相重叠。此时，切记不要调节文本轨道，而是要点击界面下方的"音频"选项，从而显示出已经导出的各条音频轨道，如图4-24所示。

| 图4-22 | 图4-23 | 图4-24 |

❹ 只需要让音频轨道彼此错开，就可以解决语音相互重叠的问题，如图4-25所示。

❺ 如果希望视频中没有文字，但依然有"东北老铁"音色的语音，可以通过以下两种方法实现。

方法一：在生成语音后，将相应的文本轨道删掉即可。

方法二：在生成语音后，选中文本轨道，点击"样式"，并将"透明度"设置为0%，如图4-26所示。

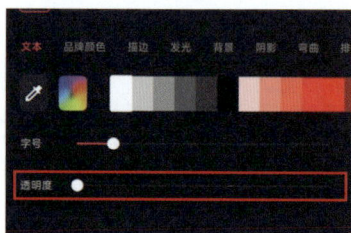

| 图4-25 | 图4-26 |

# 4.5 "全自动"运镜功能——抖音镜头追踪

一些舞蹈类、动作类视频为了表达画面的动感效果，通常搭配大量运镜来使人物动作更加突出。如果想要得到这样的效果，除了前期拍摄时通过运镜方式完成，还可以使用剪映的智能运镜功能。

## 智能运镜

剪映的"智能运镜"功能可以自动追踪人物，并在拍摄过程中调整相机的镜头、角度和距离，以保持拍摄对象的稳定视野。

其原理等同于利用关键帧结合音乐节奏对画面进行变速、画面大小缩放等处理。因为动作、舞蹈类视频音乐节奏很快，画面处理比较麻烦，使用智能运镜功能可以帮助使用者在拍摄过程中获得更稳定、专业的效果，减轻前期拍摄和后期调整的压力。

下面通过实际案例来体验智能运镜的功能。

❶在剪映App中，导入一段舞蹈素材并为其搭配合适的音乐素材。在"剪辑"界面找到"镜头追踪"选项，点击"智能运镜"，然后选择合适的选项，即可自动生成智能运镜效果，如图4-27所示。

❷系统AI会根据音乐节奏自动生成画面缩放、旋转和移动。再次点击已选择的选项，即可调出对应的"调整参数"界面，通过调整"缩放程度""旋转角度""移动距离"3项参数，可以控制画面动感效果，如图4-28所示。

图4-27

图4-28

## 镜头追踪

在拍摄Vlog或第三者跟随视角镜头时，常常因为无法实时观看取景范围或环境因素影响导致主体位置不稳定，主体在画面中偏移程度较大。剪映镜头追踪功能相当于通过后期来进行镜头调整，使被摄主体始终位于画面中心。

下面以一段人物奔跑的视频为例进行讲解。在原视频中，拍摄者通过跟随拍摄始终将运动者置于画面内，这已经是一段优秀的运动类拍摄素材。但是，由于拍摄时环境道路过于曲折，导致拍摄过程中镜头无法始终锁定主体。这时，可以利用剪映中的"镜头追踪"功能来实现镜头始终跟随的效果。

❶ 将素材导入时间线区域内，点击"镜头追踪"按钮，如图4-29所示。

❷ 选择追踪对象，这里选择"身体"作为追踪对象，如图4-30所示。

❸ 根据需求调整画面参数，这里选择"适应画布大小"以防止出现"黑边"现象。设置后画面的拍摄角度将始终跟随拍摄主体，如图4-31所示。

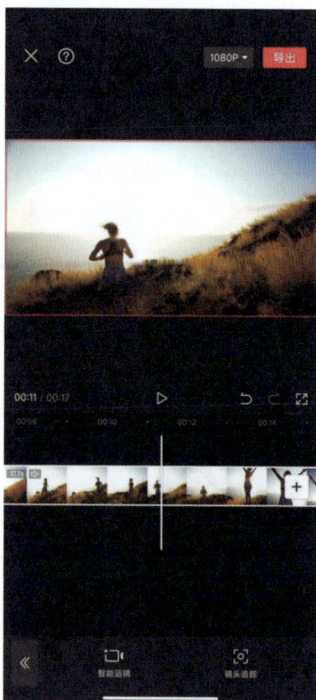

图4-29

图4-30

图4-31

# 4.6 文字烟雾效果

如果一段视频中的文字效果做得很惊艳，同样能够第一时间吸引住观众。文字烟雾效果案例就是以文字为主要看点，配合背景音乐和歌词，营造出浓厚的古韵。

该案例主要通过"动画"功能实现文字逐个出现的效果，再利用"画中画"和"混合模式"功能合成烟雾素材进行制作。

## 步骤一：确定每句歌词开始与结束的时间点

为了实现歌词随音乐出现的效果，首先要确定每句歌词开始和结束的位置。具体方法如下所述。

❶ 本案例的视频素材最好选择较为静谧并具有意境感的画面，而且要有足够的留白来显示文字。将符合要求的视频导入剪映，如图4-32所示。

❷ 将画面比例设置为16:9，如图4-33所示。这是为了让歌词在画面中不会太拥挤。

❸ 点击界面下方"音频"选项，并选择"音乐"。本案例使用的音乐为"知否知否"，直接搜索，并点击其右侧的"使用"按钮即可，如图4-34所示。

图4-32

图4-33

图4-34

❹ 试听音乐，将时间轴移动至所需部分的结尾处并点击"分割"，然后选中后半段不需要的部分并将其删除，如图4-35所示。

❺ 选中图片素材，拉动右侧白框使其比音频轨道长一点，如图4-36所示。这样操作可以防止视频在结尾处出现黑屏。

❻ 选中音频轨道，点击界面下方的"踩点"选项，然后在每一句歌词的开始和结束位置分别打上节拍点，如图4-37所示。

图 4-35　　　　　　　　　图 4-36　　　　　　　　　图 4-37

## 步骤二：添加歌词并设置动画

接下来将为画面添加歌词并制作歌词随音乐出现的效果。具体方法如下所述。

❶ 依次点击界面下方的"文字"和"新建文本"选项，如图 4-38 所示。

❷ 输入第一句歌词"昨夜雨疏风骤"，并将该文本轨道的起点与该句歌词出现时的节拍点对齐，如图 4-39 所示。

❸ 将该文本轨道的末尾与该句歌词结束时的节拍点对齐，如图 4-40 所示。

图 4-38　　　　　　　　　图 4-39　　　　　　　　　图 4-40

❹ 选中文本轨道，点击编辑界面的"样式"选项，选择合适的字体，这里选择了"挥墨体"。再点击界面下方的"排列"选项，选择"竖排"图标，让文字竖排，如图4-41所示。

❺ 改变字体颜色并拖动文字至画面中合适的位置，如图4-42所示。

❻ 选中文本轨道，点击界面下方"动画"选项，选择合适的动画效果，如图4-43所示。

图4-41

图4-42

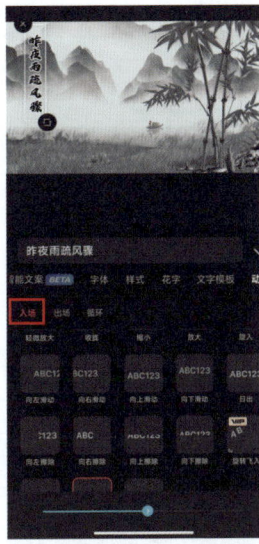
图4-43

❼ 选择入场动画分类下的"打字机Ⅱ"效果，并将下方的"动画时长"滑动条拉动到最右侧，从而实现歌词随音乐出现的效果，如图4-44所示。

❽ 选中文本轨道，拉动其右侧白框至整个视频的结尾处，如图4-45所示，从而让第一句歌词随音乐出现后，就始终停留在画面上。

那为什么不在确定文本轨道结尾的时候就直接拉动到与视频结尾对齐的位置呢？原因在于，如果直接拉动到结尾，那么在确定这段文字的"动画时长"时，就需要反复试听以实现"歌词结束，动画就结束"的效果，需要一定时间进行调整；而如果先让文本轨道与相应的节拍点对齐，则可以直接将动画时长拉到最右侧，这在一定程度上提高了效率。

图4-44

图4-45

## 步骤三：添加烟雾效果

最后需要做的是为文字添加烟雾效果，增加画面表现力。具体方法如下所述。

❶ 不要选中任何轨道，依次点击界面下方的"画中画"和"新增画中画"选项，添加烟雾素材，如图4-46所示。

❷ 选中添加的烟雾素材，点击进入界面下方的"混合模式"选项，如图4-47所示。

❸ 将"混合模式"设置为"滤色"，烟雾素材的黑色背景就消失了，如图4-48所示。

图4-46　　　　　　　　　　图4-47　　　　　　　　　　图4-48

❹ 调整烟雾的位置和大小，使其与文字相匹配，并将其轨道的起始位置与文字出现时的节拍点对齐，如图4-49所示。

❺ 由于该烟雾素材的变化速度有些快，与视频舒缓的节奏不匹配，所以选中该烟雾素材，依次点击界面下方的"变速"和"常规变速"选项，将速度降低至"0.8x"，如图4-50所示。

图4-49　　　　　　　　　　图4-50

❻ 由于烟雾的效果不能覆盖整句歌词，所以需要添加关键帧，让烟雾素材能随文字出现向下移动。选中烟雾素材，将时间轴移动至开头的位置，点击"◇"图标添加关键帧，如图4-51所示。

❼ 将时间轴移动到烟雾素材末尾处，再添加一个关键帧。然后适当向下移动烟雾效果，使其覆盖最下端的文字，如图4-52所示。

至此，第一句歌词的文字烟雾效果就制作完成了。本案例还有几句歌词，其制作方法与上文所述的第一句歌词制作方法完全相同，请读者继续将剩下几句的效果做完即可。最终排版画面如图4-53所示。

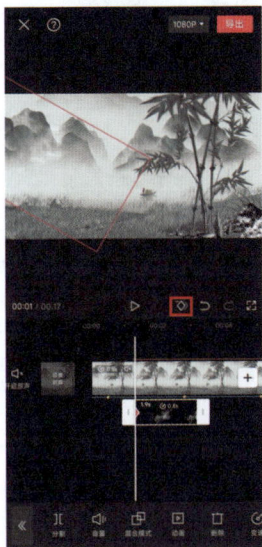  

图4-51　　　　　　　　　　图4-52　　　　　　　　　　图4-53

**小提示：** 在制作过程中，并没有使烟雾素材轨道与相应的节拍点对齐，而是使其稍微长一些。这样操作的原因在于，如果最后一个文字出现烟雾就立刻消失，会让画面显得比较生硬；而让文字全部出现后依然有一些烟雾在画面中，则会感觉更柔和一些，但要确保该烟雾在下一句歌词的烟雾出现前消失。

# 4.7　为视频添加漂亮封面

在短视频算法机制下，创作精良的视频往往会获得很大的流量，而一个优秀的视频封面则会起到"锦上添花"的功效。

下面通过一个示例学习来掌握这一短视频的"流量密码"。

❶ 将需要添加封面的视频导入到时间线区域内。点击时间线最左侧的"设置封面"按钮，如图4-54所示。

❷ 点击其中的"视频帧"选项，左右滑动时间轴便可选择当前帧作为视频封面，如图4-55所示。

❸ 除此之外，也可以选择"相册导入"选项，选择相册中的图片作为视频封面，如图4-56所示。

图4-54 　　　　　　　图4-55 　　　　　　　图4-56

❹ 点击"封面模板"选项，可以看到根据视频类型风格划分了不同的模板，点击"推荐"中的封面模板应用，自动套用模板"花字""滤镜"等设置，如图4-57所示。

❺ 也可以点击其中的"添加文本"选项，自行编辑排版，如图4-58所示。

❻ 编辑成功之后，点击右上角"保存"按钮，便可以在时间线最前方看到完成的封面，如图4-59所示。点击右上角"导出"按钮即可完成封面制作。

图4-57 　　　　　　　图4-58 　　　　　　　图4-59

第5章

# 添加音乐，让视频更有节奏

## 5.1　为视频添加音乐的必要性

　　如果没有音乐，只有动态的画面，视频就会给人一种"干巴巴"的感觉。所以，为视频添加背景音乐是很多视频后期的必要操作。

### 利用音乐表现画面蕴含的情感

　　有的视频画面很平静、淡然，有的视频画面则很紧张、刺激。为了能够让视频的情绪更强烈，让观众更容易被视频的情绪所感染，音乐可以起到至关重要的作用。

　　在剪映中有多种不同分类的音乐，比如"轻音乐""旅行""卡点"等，从而让用户可以根据视频的类型快速找到合适的背景音乐，如图5-1所示。

### 音乐节奏是剪辑节奏的重要参考

　　剪辑中的音乐节奏，可以在特定的环境中帮助营造出特定的氛围和情绪，引导观众更好地理解和感受剧情。不仅能使得画面快速且准确地传递视频情绪，也可以给作品增加节奏感，使观众感受到视频节奏的流畅或紧凑，提升整体的观赏性。

图5-1

## 5.2　添加音乐及提取音乐的操作方法

### 选择剪映官方提供的音乐并添加

　　使用剪映为视频添加音乐的方法非常简单，只需以下3步即可。

　　❶ 在不选中任何视频轨道的情况下，点击界面下方的"音频"选项，如图5-3所示。

　　❷ 点击界面下方的"音乐"选项，如图5-4所示。

　　❸ 可以在界面上方，从各个分类中选择希望使用的音乐，或者在搜索栏输入某音乐名称，也可以在界面下方，从"推荐音乐"和"收藏"中选择音乐。点击音乐右侧的"使用"即可将其添加至音频轨道；点击☆图标，即可将其添加到"收藏"分类下，如图5-5所示。

　　**小提示：** 在添加背景音乐时，也可以点击视频轨道下方的"添加音频"选项，如图5-2所示，这与点击"音频"选项的作用是相同的。

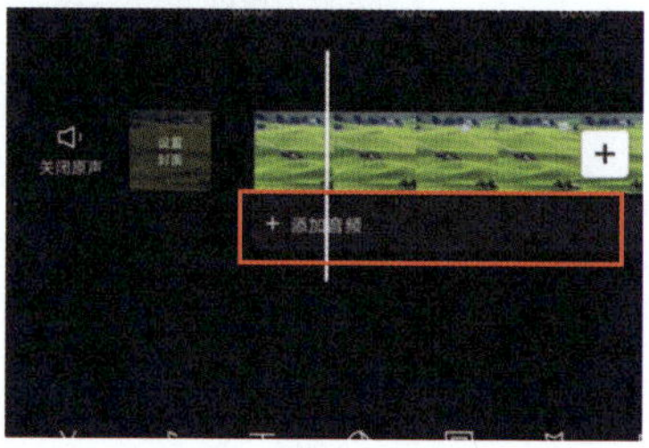

图5-2

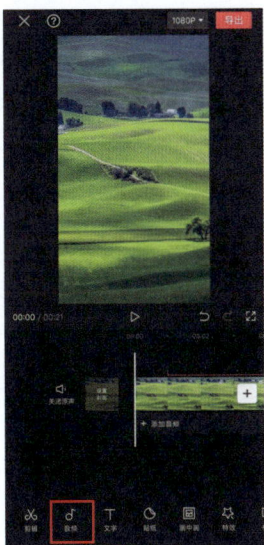

图5-3                          图5-4                          图5-5

## 不知道名字的音乐也能添加至剪映

如果在一些视频中听到了自己喜欢的背景音乐,但又不知道乐曲的名字,就可以通过"提取音乐"功能将其添加到自己的视频中。具体方法如下所述。

❶ 准备好具有该背景音乐的视频。然后依次点击界面下方的"音频"和"提取音乐"选项,如图5-6所示。

❷ 选中已经准备好的、具有好听背景音乐的视频,并点击"仅导入视频的声音",如图5-7所示。

❸ 提取出的音乐即会在时间线的音频轨道上出现,如图5-8所示。

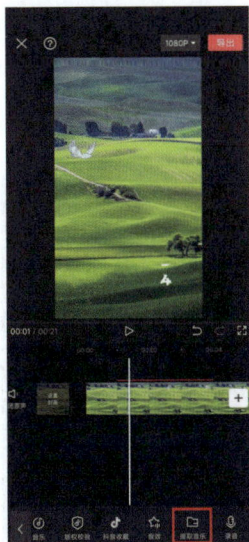

图5-6                          图5-7                          图5-8

除"提取音乐"功能，还有两种功能适用于抖音短视频用户，即"音乐"—"抖音收藏"功能，以及"音乐"—"导入音乐"选项中的"链接下载"功能，都可进行音乐选择，具体操作如下所述。

❶ "抖音收藏"支持在抖音观看短视频时，通过点击右下角的背景音乐唱片旋转按钮，到达背景音乐界面。可以去抖音旗下音乐平台欣赏完整版，也可以进行收藏或者直接点击"拍同款"使用此背景音乐，如图5-9所示。

将音乐添加收藏之后，便会在剪映中的"抖音收藏"中同步，如图5-10所示。点击下载后，点击"使用"可以直接出现在剪映中的音频轨道上，如图5-11所示。

图5-9　　　　　　　　　　　　　　　　　图5-10

图5-11

❷ "链接下载"功能应用于无法查看背景音乐名称的情况。这时用户可以点击抖音短视频中的分享按钮，再点击"复制链接"，如图5-12所示。

❸ 打开剪映，在"音频"—"音乐"—"导入音乐"功能中点击"链接下载"按钮，输入所得链接进行解析下载，如图5-13所示，便可获得同款背景音乐。

图5-12

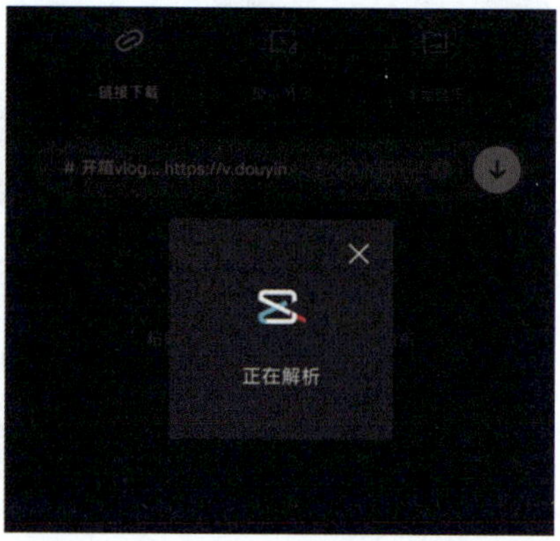

图5-13

## 5.3　在视频中秀出你的好声音

在视频中除了添加音乐外，有时也需要加入一些语音来辅助表达。剪映不但具备配音功能，还可以对语音进行变声，从而制作出更有趣的视频。具体方法如下所述。

❶ 如果在前期录制视频时录下了一些杂音，那么在配音之前，需要先将原视频声音关闭，否则会影响配音效果。选中这段待配音的视频后，点击界面下方"音量"，并将其调整为0，如图5-14所示。

❷ 点击界面下方的"音频"选项，并选择"录音"功能，如图5-15所示。

❸ 按住界面下方的红色按钮，即可开始录音，如图5-16所示。

图5-14　　　　　　　　图5-15　　　　　　　　图5-16

❹ 松开红色按钮，即完成录音，其音轨如图5-17所示。

❺ 选中录制的音频轨道，点击界面下方的"变声"选项，如图5-18所示。

❻ 选择喜欢的变声效果即可完成变声，如图5-19所示。

图5-17　　　　　　　　图5-18　　　　　　　　图5-19

# 5.4 音效虽短，却能起到关键作用

当出现与画面内容相符的音效时，会大大增加视频的代入感，让观众更有沉浸感。剪映中自带的"音效库"也非常丰富，下面具体介绍音效的添加方法。

❶ 依次点击界面下方的"音频"和"音效"选项，如图5-20所示。

❷ 点击界面中不同音效分类，比如"综艺""笑声""机械"等，即可选择该分类下的音效。点击音效右侧"使用"，即可将其添加至音频轨道，如图5-21所示。

❸ 或者直接搜索希望使用的音效，比如"电流"，与其相关的音效就都会显示在画面下方。从中找到合适的音效，点击右侧的"使用"即可，如图5-22所示。

图5-20

图5-21

图5-22

❹ 本例中的画面只需要短暂的电流声来模拟老式胶片电影中的杂音，所以选中音效轨道后，拉动白框将其缩短，如图5-23所示。

❺ 由于老式胶片电影的杂音是无规律且偶尔出现的，所以需要选中该音效轨道，并点击界面下方的"复制"选项，为片段的其他位置也添加些"电流"音效，如图5-24所示。

图5-23

图5-24

# 5.5 对视频中的不同声音进行个性化调整

## 选中音轨进行音量调节

为一段视频添加了背景音乐、音效或者配音后，在时间线中就会出现多条音频轨道。为了让不同的音频更有层次感，就需要单独调节其音量。具体方法如下所述。

❶ 选中需要调节音量大小的轨道，此处选择的是背景音乐轨道，并点击界面下方的"音量"选项，如图 5-25 所示。

❷ 滑动"音量条"，即可设置所选音频的音量。默认音量为"100"，此处适当降低背景音乐的音量，将其调整为"51"，如图 5-26 所示。

❸ 接下来选择音效轨道，并点击界面下方的"音量"选项，如图 5-27 所示。

图 5-25

图 5-26

图 5-27

❹ 适当增加"音效"的音量，此处将其调节为"128"，如图 5-28 所示。

通过此种方法，即可实现单独调整各音轨音量，并让声音具有明显层次。

❺ 需要强调的是，不但每个音频轨道可以单独调整音量大小，如果视频素材本身就有声音，那么在选中视频素材后，同样可以点击界面下方的"音量"选项调节视频素材声音的大小，如图 5-29 所示。

图 5-28

图 5-29

## 利用"淡入"与"淡出"功能让视频的开始与结束更自然

　　"音量"的调整只能整体提高或降低音频声音大小，无法形成由弱到强或者由强到弱的变化。如果想实现音量的渐变，可以为其设置"淡入"和"淡出"。

　　❶ 选中一段音频，点击界面下方的"淡化"选项，如图5-30所示。

　　❷ 通过移动"淡入时长"和"淡出时长"滑动条，即可调节音量渐变的持续时间，如图5-31所示。

　　绝大多数情况下，都是为背景音乐添加"淡入"与"淡出"效果，从而让视频的开始与结束均有一个自然的过渡。

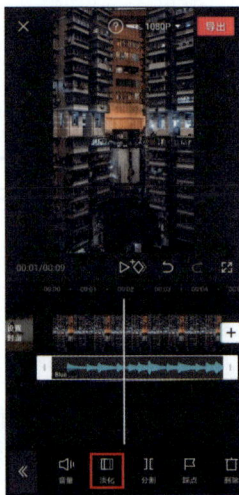

图 5-30　　　　　　　　　　图 5-31

---

> **小提示：** 除了通过"淡入"与"淡出"营造音量渐变效果之外，也可以通过为音频轨道添加关键帧的方式，来更灵活地调整音量渐变效果。

---

# 5.6　制作卡点音乐视频——抽帧卡点效果

　　本案例效果分为两部分，前半部分是抽帧卡点效果，后半部分是普通音乐卡点效果，抽帧卡点效果是卡点音乐视频的一种表现形式。下面将通过实操案例，向读者讲解卡点音乐视频的制作方法。

　　抽帧卡点相比普通音乐卡点的难度会大一点，操作会复杂一点，所以掌握了该效果的制作方法之后，再去制作普通音乐卡点视频自然不在话下。

## 步骤一：提取所需音乐并添加节拍点

　　音乐卡点视频最重要的就是确定合适的背景音乐，并为其添加节拍点。具体方法如下所述。

　　❶ 打开剪映，导入准备好的视频素材，如图5-32所示。如果想实现效果出众的抽帧卡点效果，建议选择采用推镜或者拉镜手法拍摄的视频素材。

　　❷ 本案例中的背景音乐并不是直接从剪映的"音乐库"中选择的，而是使用其他视频中的音乐，因此需要先将其他视频的音乐提取出来，进而再单独对音频轨道进行编辑。依次点击界面下方的"音频"和"提取音乐"选项，如图5-33所示。

　　❸ 选择需要被提取音乐的视频，并点击界面下方的"仅导入视频的声音"，如图5-34所示。

　　❹ 选中提取出的音频轨道后，点击界面下方的"踩点"选项，如图5-35所示。

❺ 提取的音乐是无法使用自动踩点功能的，因此，只能通过试听，并在每一个节拍点处点击界面下方的"+添加点"选项进行踩点，如图5-36所示。

❻ 如果在错误的位置添加了节拍点，可以将时间轴移动到该节拍点处，此时，原本是"添加点"的选项即变为"-删除点"，点击该选项将节拍点删除即可，如图5-37所示。

图5-32　　　　　　　　　　图5-33　　　　　　　　　　图5-34

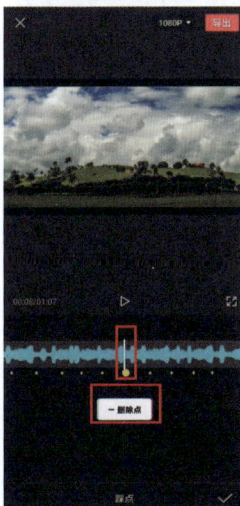

图5-35　　　　　　　　　　图5-36　　　　　　　　　　图5-37

**小提示：** 添加节拍点时也可以根据音频轨道来判断哪里是节拍点。如果在轨道中突然有一个凸起，那么该处往往就是节拍点的位置。如图5-38所示的音频轨道，凸起就非常明显，所以用这个方法可以更快地完成节拍点添加工作。但某些音频轨道没有明显的起伏，这个方法就不太好用。

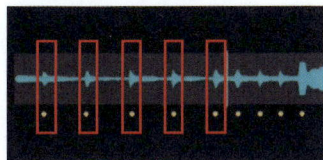

图5-38

## 步骤二：实现抽帧卡点效果

有了节拍点，就可以根据节拍点制作抽帧卡点效果了。所谓抽帧，其实就是将视频中的一部分画面删除。当删除掉推镜或者拉镜视频中的一部分画面时，就会形成景物突然放大或缩小的效果。当这种效果随着音乐的节拍出现，就是抽帧卡点效果了。具体操作方法如下所述。

❶ 确定背景音乐的前半部分（也就是要制作抽帧卡点效果的部分）节拍点的数量。本案例为8个节拍点，时长在4秒左右，如图5-39所示。

❷ 将时间轴移动到视频素材末端，确定其总时长。本案例素材总时长为67秒左右，如图5-40所示。

❸ 在进行抽帧，也就是删除部分视频片段的过程中，删除得越多，抽帧效果就越明显。所以需要计算好，67秒时长的视频在抽帧8次（因为有8个节拍点）后，每次删除多长时间的片段，能既满足4秒的时长，又能尽可能多地删除片段。

如果要精确计算的话，需要列一个方程，但显然没有必要，只需要简单口算一下即可。如果每个节拍点删除8秒的片段，就需要删除8×8=64秒，只剩67－64=3秒，显然不满足需要4秒时长的需求。

所以最终确定为每个节拍点删除7秒，这样需要删除7×8=56秒，剩余67－56=11秒，剩余素材时长满足4秒时长要求。

❹ 进行抽帧操作。选中视频片段，将时间轴移动至第一个节拍点，点击界面下方的"分割"选项，如图5-41所示。

图5-39　　　　　　　　　　图5-40　　　　　　　　　　图5-41

❺ 从图5-39中看到时间刻度为0.5秒左右，并且由于需要删除7秒的视频片段，所以将时间轴移动到7.5秒附近，并点击界面下方的"分割"选项，如图5-42所示。时间轴的具体位置不用太准确，大概即可。

❻ 选中分割下来的时长7秒左右的视频片段，并点击界面下方的"删除"选项，如图5-43所示。至此，第一个节拍点的抽帧操作就做完了。

❼ 将之后的7个节拍点，均按上文所述方法进行处理，就形成了每到一个节拍点画面就突然放大一

点的效果。素材的结尾与第9个节拍点对齐即可，如图5-44所示。

图5-42

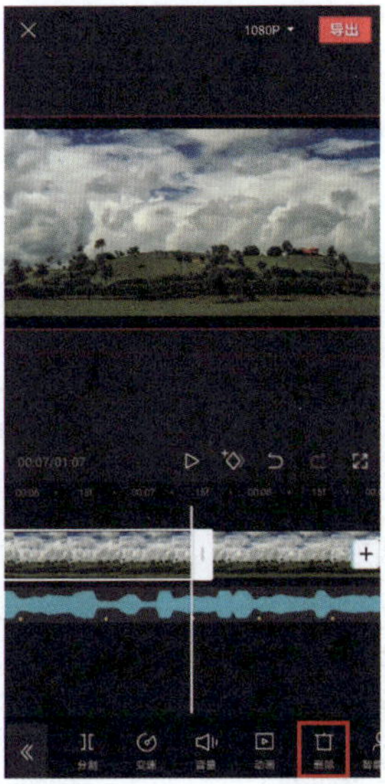

图5-43

图5-44

## 步骤三：制作后半段音乐卡点效果

前半段的抽帧卡点效果制作完成后，接下来制作后半段相对常规的音乐卡点效果。具体方法如下所述。

❶ 将素材导入剪映，并从节拍点处分割视频，将后半段删除，如图5-45所示。

❷ 选中剩下的视频片段，将时间轴移动到其末尾，点击界面下方的"定格"选项，如图5-46所示。

❸ 选中被定格的静态画面，将其结尾对齐下一个节拍点，如图5-47所示。

图5-45

图5-46

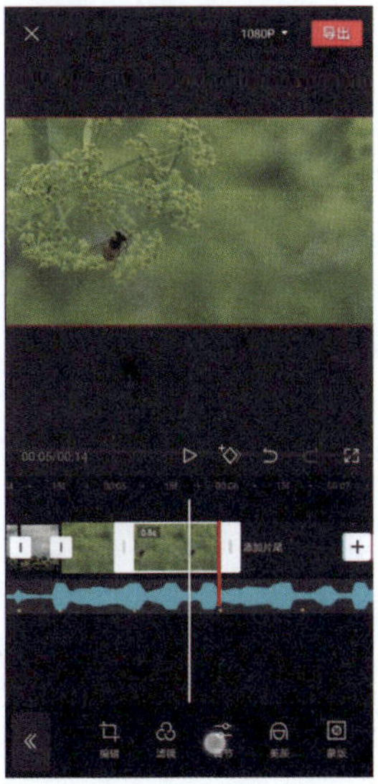

图5-47

❹ 点击界面下方的"滤镜"，为其添加"精选"分类下的"1980"滤镜效果，如图5-48所示。

至此，就形成了在抽帧卡点效果后伴随着音乐节拍出现新的画面，并且在节拍处会有定格画面的效果。接下来的5个视频片段，均按上述方法进行处理。

为了让画面更具动感，可以为所有定格画面添加动画。建议选择比较短暂且有爆发力的动画效果，比如入场动画分类下的"轻微抖动Ⅲ"，如图5-49所示。

图 5-48

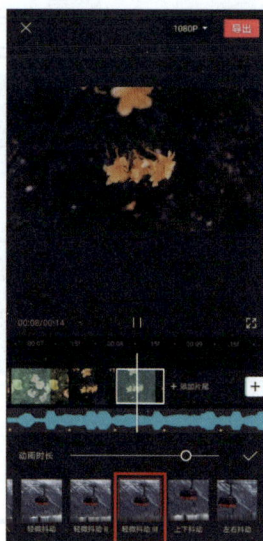
图 5-49

# 第6章

# "剪"视频必学必用功能

# 6.1 视频剪辑中最常用的分割功能

## 认识"分割"功能

再厉害的摄像师也无法保证录下来的每一帧都能在最终视频中出现。当需要将视频中的某部分删除时，就需要使用"分割"功能。

如果想调整一整段视频的播放顺序，同样需要"分割"功能，将其分割成多个片段，从而对播放顺序进行重新组合，这种视频的剪接方法被称为"蒙太奇"。

## 通过"分割"功能保留画面精彩部分

在导入一段素材后，往往需要截取出其中需要的部分。当然，通过选中视频片段，然后拉动白框同样可以实现截取片段的目的，但在实际操作过程中，该方法的精确度不是很高。因此，如果需要精确截取片段，推荐使用"分割"功能进行操作。

❶ 将时间刻度拉长，以便于精确定位精彩片段的起始位置。确定起始位置后，点击界面下方的"剪辑"选项，如图6-1所示。

❷ 点击界面下方的"分割"选项，如图6-2所示。

❸ 此时会发现在所选位置出现黑色实线以及 Ⅰ 图标，即证明在此处分割了视频，如图6-3所示。将时间轴拖动至精彩片段的结尾处，以同样方法对视频进行分割。

| 图6-1 | 图6-2 | 图6-3 |

❹ 将时间刻度缩短，即可发现在两次分割后，原本只有一段的视频变为了三段，如图6-4所示。

❺ 选中其中不重要的片段视频，点击界面下方的"删除"选项，如图6-5所示。

❻ 当选中片段视频被删除后，就只剩下需要保留下来的那段精彩画面了。点击界面右上角的"导出"即可保存视频，如图6-6所示。

图6-4　　　　　　　　　　图6-5　　　　　　　　　　图6-6

> **小提示：** 一段原本5秒的视频被分割截取成2秒后，选中该段2秒的视频，并拉动其白框，依然能够将其恢复
> 为5秒的视频。因此，不要认为分割并删除无用的部分后，那部分会彻底消失。之所以提示读者此点，是因为在
> 操作中如果不小心拉动了被分割视频的白框，那么被删除的部分就会重新出现。一旦没有及时发现，很有可能
> 会影响接下来的一系列操作。

# 6.2　视频画面也可以进行"二次构图"

## 认识"编辑"功能

如果前期拍摄的画面歪斜或者构图存在问题，那么可以通过"编辑"功能中的"旋转""镜像""裁剪"
在一定程度上进行弥补。需要注意的是，除"镜像"功能外，另外两种功能或多或少都会降低画面像素。

## "编辑"功能的使用方法

❶ 选中一个视频片段后，即可在界面下方找到"编辑"选项，如图6-7所示。

❷ 点击"编辑"选项，会看到有三种操作可供选择，分别为"旋转""镜像"和"裁剪"，如图6-8
所示。

❸ 点击"裁剪"后，即进入如图6-9所示的裁剪界面。通过调整白色裁剪框的大小，以及移动被裁
剪的画面，即可确定裁剪位置。

需要注意的是，一旦选定裁剪范围，整段视频画面均会被裁剪，并且在裁剪界面显示的画面只能是
该段视频的第一帧。因此，如果需要对一个片段中画面变化较大的部分进行裁剪，建议先将该部分截取
出来，然后单独导出，再打开剪映导入该视频进行裁剪。这样才能更准确地裁剪出自己喜欢的画面。

❹ 点击该界面下方的各比例选项，即可固定裁剪框比例，如图6-10所示。

图6-7　　　　　　　　图6-8　　　　　　　　图6-9　　　　　　　　图6-10

❺ 调节界面下方的"标尺"，即可对画面进行旋转，如图6-11所示。对于一些拍摄歪斜的素材，可以通过该功能进行校正。

❻ 若在图6-8中选择"镜像"，视频画面则会翻转，与原画面形成镜像，如图6-12所示。

❼ 若在图6-8中选择"旋转"，则根据点击的次数，会分别旋转90°、180°、270°，也就是只能以90°调整画面的方向，如图6-13所示。此处的"旋转"与上文所说的可以精细调节画面水平的旋转是两个功能。

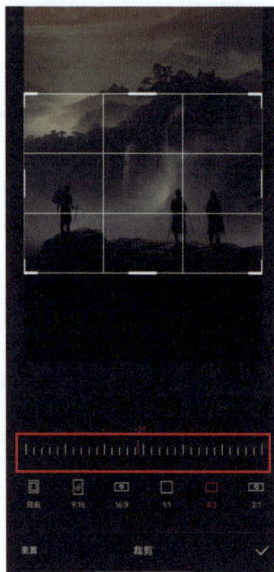

图6-11　　　　　　　　　　图6-12　　　　　　　　　　图6-13

# 6.3 可以让视频忽快忽慢的"变速"功能

## 认识"变速"功能

当录制运动中的景物时，如果运动速度过快，那么通过肉眼是无法清楚观察到每一个细节的。此时，可以使用"变速"功能来降低画面中景物的运动速度，形成慢动作效果，从而令每一个瞬间都清晰呈现。

而对于一些变化太过缓慢或者比较单调、乏味的画面，也可以通过"变速"功能适当提高速度，形成快动作效果，从而减少这些画面的播放时间，让视频更生动。

另外，通过曲线变速功能，可以让画面的快与慢形成一定的节奏感，大大提高观看体验。

## 利用"变速"功能让画面快慢结合

❶ 将视频导入剪映后，点击界面下方的"剪辑"选项，如图6-14所示。

❷ 点击界面下方的"变速"选项，如图6-15所示。

❸ 剪映提供两种变速方式："常规变速"也就是对所选的视频统一调速；"曲线变速"则可以有针对性地对一段视频中的不同部分进行加速或者减速处理，而且加减速的幅度可以自行调节，如图6-16所示。

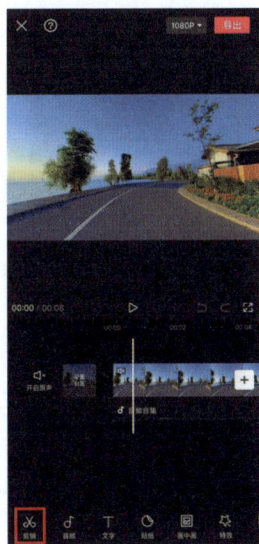
图6-14

图6-15

图6-16

❹ 当选择了"常规变速"选项后，可以通过滑动条控制加速或者减速的幅度。1x为原始速度，0.5x为1/2倍慢动作，0.2x为1/5倍慢动作，以此类推，即可确定慢动作的倍数，如图6-17所示。

❺ 而2x为2倍快动作，剪映最高可以实现100倍快动作，如图6-18所示。

❻ 当选择了"曲线变速"选项后，则可以直接使用预设为视频中的不同部分添加慢动作或者快动作效果。大多数情况下，都需要使用"自定"选项，根据视频进行手动设置，如图6-19所示。

图6-17  图6-18  图6-19

❼ 点击"自定"选项后，该图标变为红色，如图6-20所示，再次点击即可进入编辑界面。

❽ 由于需要根据视频自行确定锚点位置，所以并不需要预设锚点。选中预设的锚点后，点击"－删除点"，将其删除，如图6-21所示。

❾ 删除后的界面如图6-22所示。

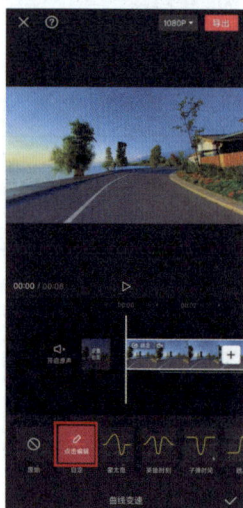

图6-20  图6-21  图6-22

小提示：曲线上的锚点除了可以上下拉动，也可以左右拉动，所以不删除锚点，通过拖动已有锚点调节至目标位置也是可以的。但在制作较复杂的曲线变速时，预设锚点较多可能会扰乱调节思路，导致忘记个别锚点的作用。所以建议，在制作曲线变速前删除预设锚点。

⑩ 移动时间轴，将其定格在希望慢动作画面开始的位置，点击"+添加点"，并向下拖动锚点，如图6-23所示。

⑪ 再将时间轴定位到希望慢动作画面结束的位置，点击"+添加点"，同样向下拖动锚点，从而形成一段持续性的慢动作画面，如图6-24所示。

⑫ 按照这个思路，在需要实现快动作效果的区域也添加两个锚点，并向上拖动，从而形成一段持续性的快动作画面，如图6-25所示。

⑬ 如果不需要形成持续性的快、慢动作画面，而是让画面在快动作与慢动作之间不断变化，则可以让锚点在高位和低位交替出现，如图6-26所示。

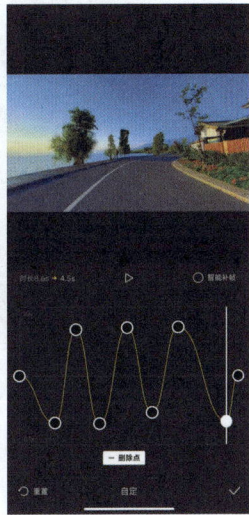

| 图6-23 | 图6-24 | 图6-25 | 图6-26 |

> **小提示：** 因为画面帧率问题，变速之后的画面可能出现不流畅的现象，这时可以点击勾选画面变速调节的"智能补帧"对画面进行补帧，以使画面流畅播放。

# 6.4  让视频动静结合的"定格"功能

## 认识"定格"功能

"定格"功能可以将一段动态视频中的某个画面凝固下来，从而起到突出某个瞬间的效果。另外，如果一段视频中多次出现定格画面，并且其时间点与音乐节拍相匹配，就可以让视频具有律动感。

## 利用"定格"功能突显精彩瞬间

❶ 移动时间轴，选择希望进行定格的画面，如图6-27所示。

❷ 保持时间轴位置不变，选中该视频片段，此时即可在工具栏中找到"定格"选项，如图6-28所示。

❸ 点击"定格"选项后，在时间轴的右侧会出现一段时长为3秒的静态画面，如图6-29所示。

图6-27

图6-28

图6-29

❹ 定格出来的静态画面可以随意拉长或者缩短。为了避免静态画面时间过长导致视频乏味，此处将其缩短至1.1秒，如图6-30所示。

❺ 按照相同的方法，可以为一段视频中任意一个画面做定格处理，并调整其持续时长。

❻ 为了让定格后的静态画面更具观赏性，在这里为其增加了"RGB描边"特效，如图6-31所示。记住要将特效的时长与定格画面保持一致，从而突显视频节奏的变化。

图6-30

图6-31

# 6.5 活用"倒放"功能制作风靡一时的"鬼畜"效果

## 认识"倒放"功能

顾名思义，所谓"倒放"功能就是可以让视频从后往前播放。当视频记录的是一些随时间发生变化的画面时，比如花开花落、日出日暮等，应用此功能可以营造出一种时光倒流的视觉效果。

此种应用方式非常常见，而且操作简单，在此通过非常流行的"鬼畜"效果的制作，来讲解"倒放"功能的使用方法。

## "鬼畜"效果制作方法

❶ 使用"分割"工具，截取视频中的一个完整动作。此处截取的是画面中人物回头向后看的动作，如图6-32所示。

❷ 选中截取后的素材，连续两次点击界面下方的"复制"选项，从而使视频轨道上出现3个视频片段，如图6-33所示。

❸ 选中位于中间的视频片段，点击界面下方的"倒放"选项，从而营造出人物回头向后看，转头向前，再转回头的效果，如图6-34所示。

❹ 选中第1段视频片段，依次点击界面下方的"变速"和"常规变速"选项，并将速度调整为3.0x，如图6-35所示。对第2段和第3段视频片段重复该操作。

图6-32　　　　　　　　图6-33

图6-34

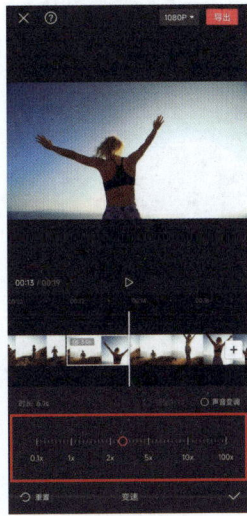

图6-35

> **小提示：** 在本案例中，也可以选中第1段和第3段视频素材进行倒放。因为只要满足3段同一动作视频中，中间那段与其他两段播放顺序相反即可。

# 6.6 作用有限的"防抖"和"降噪"功能

## 认识"防抖"和"降噪"功能

在使用手机录制视频时，很容易在运镜过程中出现画面晃动的问题。剪映中的"防抖"功能，可以明显减弱晃动幅度，让画面看起来更加平稳。

至于"降噪"功能，则可以降低户外拍摄视频时产生的噪声。如果是在安静的室内拍摄，视频本身几乎没有噪声时，"降噪"功能还可以明显提高人声的音量。

## 利用"防抖"和"降噪"功能提高视频质量

❶ 选中一段视频素材，点击界面下方的"防抖"选项，如图6-36所示。

❷ 在弹出的菜单中选择"防抖"的程度，一般设置为"推荐"即可，如图6-37所示。此时即完成视频防抖操作。

❸ 在选中视频片段的情况下，点击界面下方的"降噪"选项，如图6-38所示。

❹ 将界面右下角的"降噪开关"打开，即完成降噪，如图6-39所示。

图6-36

图6-37

图6-38

图6-39

> **小提示：** 无论是"防抖"功能还是"降噪"功能，其作用都是相对有限的。如果想获得高品质的视频，依然需要尽量在前期就拍摄出相对平稳并且低噪声的画面，比如拍摄时使用稳定器和降噪麦克风。

# 6.7 往往同时使用的"画中画"和"蒙版"功能

## 认识"画中画"和"蒙版"功能

通过"画中画"功能可以让一个视频画面中出现多个不同的画面，这是该功能最直接的利用方式。但"画中画"功能更重要的作用在于可以形成多条视频轨道，利用多条视频轨道，再结合"蒙版"功能，就可以控制画面局部的显示效果。所以，"画中画"与"蒙版"功能往往是同时使用的。

## 利用"画中画"功能让多段素材在一个画面中出现

❶ 首先为剪映添加一个视频素材，如图6-40所示。

❷ 将画面比例设置为9:16，然后点击界面下方的"画中画"选项（此时不要选中任何视频片段），继续点击"新增画中画"，如图6-41所示。

❸ 选中要添加的素材后，即可调整画中画在视频中的显示位置和大小，并且界面下方也会出现画中画轨道，如图6-42所示。

❹ 当不再选中画中画轨道后，即可再次点击界面下方的"新增画中画"选项添加画面。结合"编辑"功能，还可以对该画面进行排版，如图6-43所示。

| 图6-40 | 图6-41 | 图6-42 | 图6-43 |

## 同时使用"画中画"和"蒙版"功能控制显示区域

当画中画轨道中的各轨道画面均不重叠的时候，所有画面就都能完整显示。可一旦出现重叠，有些画面就会被遮挡。利用"蒙版"功能，可以选择哪些区域被遮挡，哪些区域不被遮挡。

❶ 如果时间轴穿过多个画中画轨道层，画面就有可能产生遮挡，部分视频素材的画面会无法显示，如图6-44所示。

❷ 在剪映中有层级的概念，其中主视频轨道为0级，每多一条画中画轨道就会多一个层级。在当前案例中，有两条画中画轨道，所以分别为1级和2级。它们之间的覆盖关系是层级数值大的轨道覆盖层级数值小的轨道。也就是1级覆盖0级，2级覆盖1级，以此类推。此时，选中一条画中画视频轨道，点击界面下方的"层级"选项，即可设置该轨道的层级，如图6-45所示。

❸ 剪映默认处于下方的视频轨道会覆盖处于上方的视频轨道。但由于画中画轨道可以设置层级，所以如果选中位于中间的画中画轨道，将其置顶，那么中间轨道的画面则会同时覆盖主视频轨道与最下方视频轨道的画面，如图6-46所示。

图6-44          图6-45          图6-46

❹ 为了让读者更容易理解蒙版的作用，先将"层级"恢复为默认状态，并只保留一层画中画轨道。选中该画中画轨道，并点击界面下方的"蒙版"选项，如图6-47所示。

❺ 选中一种蒙版样式，所选视频轨道画面将会出现部分显现的情况，而其余部分则会显示原本被覆盖的画面，如图6-48所示。通过这种方式，就可以有选择地调整画面中显示的内容。

❻ 若希望将主视频轨道的其中一段视频素材切换到画中画轨道，可以在选中该段素材后，点击界面下方的"切画中画"选项。但有时该选项是灰色的，无法选择，如图6-49所示。

❼ 此时，不要选中任何素材片段，点击"画中画"选项，在显示如图6-50所示的界面时，再选中希望切画中画的素材，这时就可以使用"切画中画"功能了。

  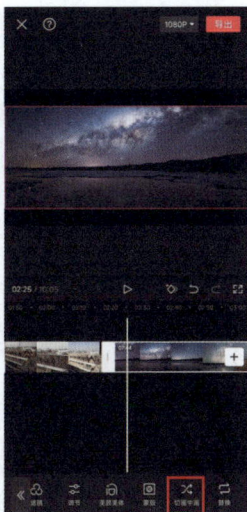 

图6-47　　　　　　　　　图6-48　　　　　　　　　图6-49　　　　　　　　　图6-50

# 6.8　抠图超简单——"智能抠像""色度抠图"和"自定义抠像"

## 认识"智能抠像""色度抠图""自定义抠像"功能

　　"智能抠像"功能可以快速将人物从画面中抠出来，从而进行替换人物背景等操作。"色度抠图"功能可以将在绿幕或蓝幕下的景物快速抠取出来，方便进行视频图像的合成。"自定义抠像"功能可以弥补两种抠像的不足之处，实现细节处抠像修改。

## 利用"智能抠像"一键抠人

　　❶ 选择一张图片素材导入剪映中，如图6-51所示。
　　❷ 选择"抠像"，再选择"智能抠像"功能，点击"√"按钮，系统自动进行人物识别并完成抠像处理，如图6-52所示。
　　❸ 添加一张背景图片，点击"切画中画"将抠像得到的图片置于背景图片的下层轨道，使两个轨道重合，人物融入背景，如图6-53所示。

---

　　**小提示：** "智能抠像"功能并非总能像案例中展示的，近乎完美地抠出画面中的人物。如果希望提高"智能抠像"功能的准确度，建议选择人物与背景具有明显的明暗或色彩差异的画面，从而令人物的轮廓清晰、完整。

图6-51

图6-52

图6-53

## 利用"色度抠图"一键抠图并合成

❶ 先导入一段视频素材，然后点击界面下方的"画中画"选项，再点击"新增画中画"选项导入绿幕素材，如图6-54所示。

❷ 将绿幕素材充满整个画面后，点击界面下方的"抠像"，再点击"色度抠图"选项，如图6-55所示。

❸ 将"取色器"中间很小的白框置于绿色区域，如图6-56所示。

❹ 选择"强度"选项，并向右拉动滑动条，即可将绿色区域抠掉，如图6-57所示。

图6-54　　　　　图6-55　　　　　图6-56

图6-57

❺ 对于某些绿幕素材，即便将"强度"滑动条拉动到最右侧，依旧无法将绿色完全抠掉。此时，

可以先小幅度提高强度数值，如图6-58所示。

❻ 将绿幕素材放大，再次选择"色度抠图"选项，仔细将"取色器"位置调整到残留的绿色区域，如图6-59所示。

❼ 再次点击"强度"选项，并向右拉动滑动条，就可以更好地抠除绿色区域，如图6-60所示。

❽ 点击"阴影"选项，适当提高该数值，可以让抠图的边缘更平滑，如图6-61所示。

图6-58　　　　　　　图6-59

图6-60　　　　　　　图6-61

❾ 将放大的绿幕素材缩小至刚好填充至整个屏幕，并对绿幕速度进行降速处理，如图6-62所示。

❿ 添加合适的音乐作为背景音乐，为视频添加标题文字来完成最终效果的制作，如图6-63所示。

图6-62

图6-63

## 利用"自定义抠像"完善抠图细节

❶ 先导入一段仍需改善的抠图视频素材，点击界面下方工具栏中的"抠像"选项，如图6-64所示。

❷ 点击界面下方的"自定义抠像"选项，如图6-65所示。

❸ 选择其中的"擦除"工具，调整"画笔大小"，涂改其中需要抠除的区域，如图 6-66 所示。

图 6-64　　　　　　　　　　图 6-65　　　　　　　　　　图 6-66

❹ 在擦除绿幕的过程中，画笔笔触过大可能导致画面丢失部分细节。点击"自定义抠像"中的"画笔"工具，向左滑动"画笔大小"滑动条使画笔缩小，双指同时向外拖动放大局部细节，在细节容易丢失的区域内使用画笔工具涂改，以最大程度地保护画面细节，如图 6-67 所示。

❺ 受限于手机操作方式的不同，在自定义抠像的过程中会反复出现涂改过多或过少的现象，除了使用"画笔"工具和"擦除"工具进行反复修改，还可以使用其中的"抠像描边"功能进行修饰，掩盖抠像细节上的不足，如图 6-68 所示。

图 6-67　　　　　　　　　　图 6-68

# 6.9 可以让静态画面动起来的"关键帧"

## 认识"关键帧"

如果在一条轨道上打了两个关键帧，并且在后一个关键帧处改变了显示效果，比如放大或缩小画面，移动贴纸或蒙版位置，修改滤镜参数等，那么在播放两个关键帧之间的轨道时，则会出现第一个关键帧所在位置的效果逐渐转变为第二个关键帧所在位置的效果。

通过这个功能，可以让一些原本不会移动的、非动态的元素在画面中动起来，还可以让一些后期增加的效果随时间渐变。

## 利用"关键帧"模拟移动的鼠标指针

❶ 为画面添加一个播放类图标贴纸，再添加一个鼠标指针贴纸，如图6-69所示。

❷ 通过"关键帧"功能让原本不会移动的鼠标指针贴纸动起来，形成从画面一角移动到播放图标的效果。

将鼠标指针贴纸移动到画面的右下角，再将时间轴移动至该贴纸轨道最左端，点击界面中的◇图标，添加一个关键帧，如图6-70所示。

❸ 将时间轴移动到鼠标指针贴纸轨道的最右侧，然后移动贴纸位置至播放图标处，此时剪映会自动在时间轴所在位置再打上一个关键帧，如图6-71所示。

至此，就实现了鼠标指针逐渐从角落移动至播放图标的效果。

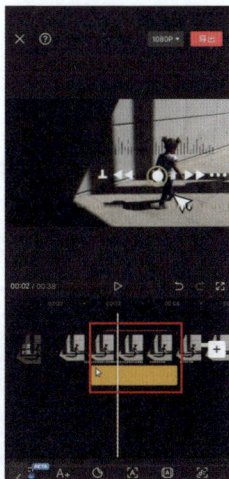

图6-69　　　　　　　　　图6-70　　　　　　　　　图6-71

> **小提示：** 除了案例中的移动贴纸之外，关键帧还有非常多的应用方式。比如，关键帧结合滤镜，可以实现渐变色的效果；关键帧结合蒙版，可以实现蒙版逐渐移动的效果；关键帧结合视频画面的放大与缩小，可以实现拉镜、推镜的效果；关键帧甚至还能够与音频轨道结合，实现任意阶段音量的渐变效果，等等。总之，关键帧是剪映中非常实用的工具，充分挖掘可以实现很多创意效果。

# 6.10 那些在剪映专业版中不太一样的功能

正如上文所说，学会了剪映手机版，就可以很快上手剪映专业版。一些在剪映手机版能做出的效果，用剪映专业版同样可以实现，并且得益于剪映专业版更大的界面，操作起来可以更顺畅。

但有些功能，在操作更顺畅的同时，其方法与剪映手机版也有一定的区别。所以本节就来介绍部分功能使用方法的不同之处，以帮助读者更好地使用剪映专业版。

## 看不到的"画中画"功能

在剪映手机版中，如果想在时间线中添加多个视频轨道，需要利用"画中画"功能导入素材。但在剪映专业版中，却找不到"画中画"这个选项。难道这意味着剪映专业版不能进行多视频轨道处理吗？

在上文已经提到，由于剪映专业版的处理界面更大，所以各轨道均可完整显示在时间线中。因此，无需使用"画中画"功能，直接将一段视频素材，拖动到主视频轨道的上方，即可实现多轨道（即手机版剪映"画中画"功能的效果），如图6-72所示。

而主轨道上方的任意视频轨道均可随时再拖动回主轨道。所以在剪映专业版中，也不存在"切画中画"和"切主轨道"这两个选项。

图6-72

## 利用"层级"灵活调整视频覆盖关系

将视频素材移动到主轨道上方时，该视频素材的画面就会覆盖主轨道的画面。这是因为在剪映中，主轨道的"层级"默认为0级，而主轨道上方第一层的视频轨道默认为1级。"层级"大的视频轨道会覆盖层级小的视频轨道。主轨道的层级是不能更改的，其他轨道的层级可以更改。

在主轨道上再添加一条视频轨道时，新添加的视频轨道层级高，所以会覆盖遮挡主轨道画面，这时需要用鼠标拖动选中轨道，来改变轨道层级关系，以确定视频中画面显示的主次关系，如图6-73所示。

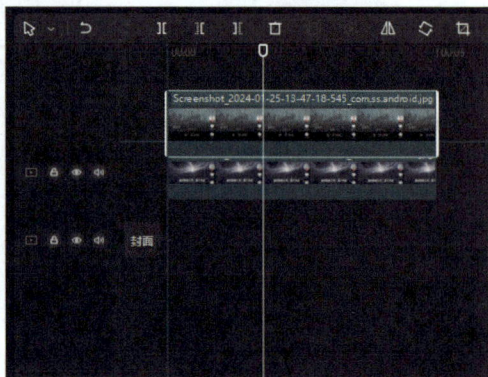

图6-73

## 藏得较深的"蒙版"功能

在时间线中添加多条视频轨道后,当画面之间出现了覆盖时,可以使用"蒙版"功能来控制画面局部区域的显示。

❶ 选中一条视频轨道后,单击界面右上角的"画面"选项,即可找到"蒙版"功能,如图6-74所示。

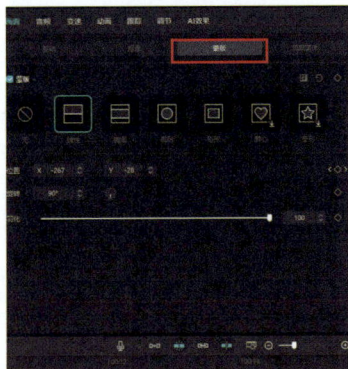

图6-74

❷ 单击选择希望使用的蒙版,此处以"线性"蒙版为例,之后在预览界面即会出现添加蒙版后的效果,如图6-75所示。

❸ 单击拖动图中的⊙图标,即可调整蒙版角度;单击拖动图中的》图标即可调整两个画面分界线处的羽化效果,如图6-76所示。

❹ 将鼠标指针移动到分界线附近,单击鼠标左键并按住拖动,即可调整蒙版位置,如图6-77所示。

图6-75

图6-76

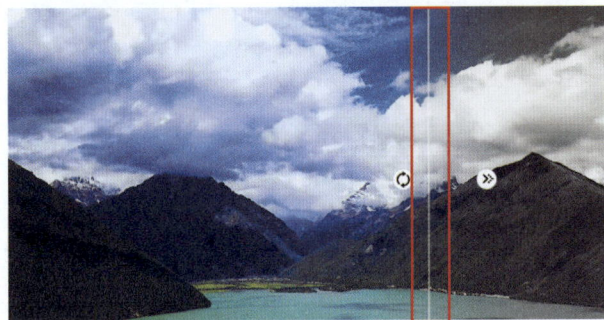

图6-77

# 6.11 更加强大的剪映专业版关键帧

关键帧是指在动画制作和视频编辑中，标记着动画或视频中重要变化或关键画面的帧。每个关键帧代表着一个特定的时间点，两个关键帧之间的过渡则由软件或技术生成。

关键帧在动画和视频编辑中起着非常重要的作用，可以定义动画或视频中各项参数的变化。通过对关键帧的设置和调整，可以实现平滑的动画过渡和视觉效果。

在剪映专业版的属性调节区，单击画面中的"基础"面板，如图6-78所示，在基础调节中的各项参数最右侧便是添加关键帧选项按钮。

图6-78

## 认识剪映专业版关键帧

剪映专业版与手机版的关键帧功能原理相同，受限于终端的不同，在操作上略有区别。接下来，先了解剪映专业版关键帧的基础用法。

❶ 在剪映专业版中，首先选择一个视频或图像素材，并将其添加到时间线上，如图6-79所示。

❷ 选中视频轨道，在画面基础界面选择要进行编辑的属性元素，例如位置、旋转、缩放、不透明度等。这里选择位置属性，如图6-80所示。

图6-79

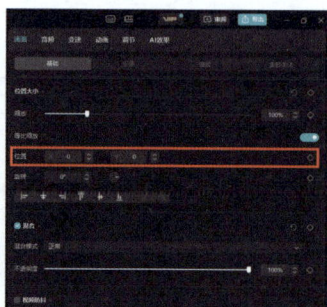

图6-80

图6-81

❸ 定位到需要添加关键帧的时间点，根据所需动画快慢决定两个关键帧之间的距离，如图6-81所示。

❹ 在画面基础选项中，找到将要调整的元素属性，这里在位置坐标后单击添加关键帧按钮，此时会添加一个关键帧，并记录当前画面的位置坐标，如图6-82所示。

图6-82

⑤ 移动时间轴至开头位置，改变其位置属性。在开头位置将自动记录关键帧，如图6-83所示。

⑥ 拖动时间轴查看，两个关键帧之间的片段便形成了画面开头向右移动的动画效果，如图6-84所示。

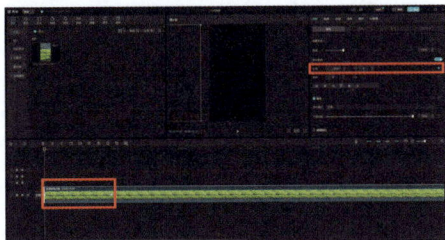

图6-83

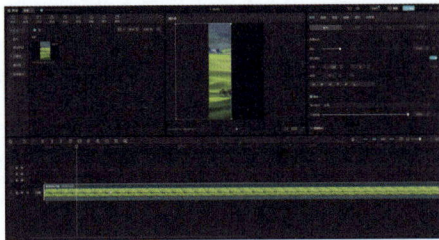

图6-84

## 关键帧的其他应用

关键帧不仅可以作用于视频画面的基础属性调节，还可以对画面中的色彩变化、音频调节、贴纸素材的动画效果、特效的数据参数等起到关键性的作用。下面将举例说明关键帧在一个视频中的其他主要应用方式。

### 1. 关键帧制作贴纸动画

虽然剪映的贴纸功能可以实现丰富的入场、出场、循环动画效果，但想要制作更丰富的动画路径效果，关键帧才是其中的基础，动画贴纸在画面中的运动、变形、现隐等效果都可以通过关键帧来制作完成。

具体使用方法如下所述。

① 将一段素材导入剪映，在贴纸素材中将小鸟飞过的动画贴纸导入轨道内，如图6-85所示。如果需要制作一个鸟儿从画面左侧飞出画面右侧的片段，单单使用其中的出入场动画是无法完成的，这时就可以使用其中的关键帧来制作关键帧动画效果。

② 确定贴纸动画所需时长及位置，在画面第一帧处打上刚入画时的关键帧，如图6-86所示。

③ 拖动时间轴，在对应的时间节点移动贴纸位置生成关键帧节点，在入画与出画之间打上不同的关键帧节点实现鸟儿的上下飞翔效果，从而使画面更有动感，如图6-87所示。

图6-85

图6-86

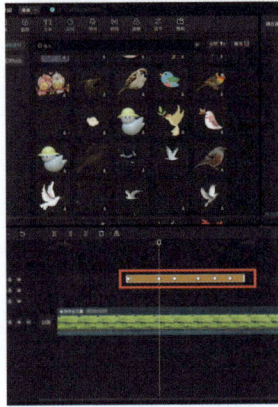

图6-87

### 2.关键帧与蒙版结合

利用关键帧可以实现文字的运动、缩放、旋转、透明度变化的动画效果。之前学习过"文字烟雾"效果，通过关键帧的移动与烟雾效果浮现来控制文字在画面中的效果，增加文字的吸引力和表现力。这次通过一个"数字倒计时"案例学习关键帧与蒙版相结合的用法，具体操作如下所述。

❶ 在视频中添加竖行文本，这里添加"5、4、3、2、1"作为倒计时数字，如图6-88所示。

❷ 给数字关键帧添加向上移动的动画效果，使其在预览窗口中实现数字依次向上移动的效果，如图6-89所示。

❸ 因为剪映中的蒙版无法单独作用在文本轨道上，所以要将文本轨道通过"新建复合片段"功能转换为视频片段（按快捷键Alt+G或者右键单击轨道选择"新建复合片段"），如图6-90所示。

  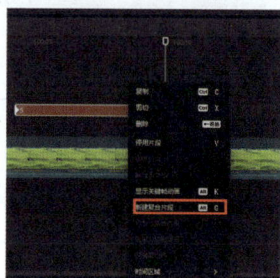

图6-88　　　　　　　　　　　图6-89　　　　　　　　　　　图6-90

❹ 选中新建复合片段，在功能调节面板中，单击"画面"—"蒙版"—"矩形蒙版"，如图6-91所示。

❺ 调整蒙版大小使其正好框选数字，如图6-92所示。

❻ 新建文本"距放假还有　天"，将其放在数字出现位置并为其添加音效，利用关键帧+蒙版完成的数字倒计时视频便完成了，如图6-93所示。

图6-91　　　　　　　　　　　图6-92　　　　　　　　　　　图6-93

### 3.视频过渡效果

在视频的最终呈现效果中，流畅平滑的转场过渡可以提高画面的精彩程度。关键帧同样可以用于设置视频之间的过渡效果，如淡入、淡出、擦除、切换等，使视频场景之间的转换更加平滑。

结合上面介绍的数字倒计时使用的蒙版功能，利用蒙版加关键帧的放大与移动轨迹，完成视频的转场过渡。

这里选择在影视剧中经久不衰的转场效果——"瞳孔放大转场效果"，具体操作方法如下所述。

❶ 在剪映"媒体"选项中单击"素材库"，搜索"瞳孔放大转场素材"将其导入时间线内，如图6-94所示。

❷ 单击画面调节中的"蒙版"选项，单击圆形蒙版，在画面中人物瞳孔放大处打上关键帧，如图6-95所示。

❸ 随着画面的不断放大，调节蒙版路径与缩放，直到瞳孔放大到超越画幅大小，如图6-96所示。回放查看蒙版关键帧路径，对蒙版路径进行优化并适当提高羽化值。

❹ 最后，将此轨道移动到内容轨道上方，在瞳孔开始放大处添加音效，并根据画面情绪添加合适的背景音乐，此外也可根据添加内容搭配合适的特效、贴纸、滤镜等修饰方式。

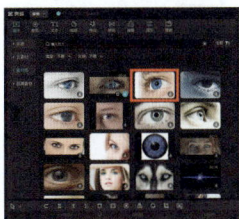
图6-94

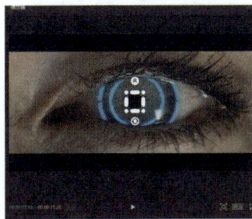
图6-95

图6-96

### 4. 关键帧与滤镜结合

在色彩与滤镜方面，关键帧可用于调整图像的颜色饱和度、对比度、亮度等基本参数，还可以应用滤镜效果实现颜色的渐变、调整、转换等效果。从而创造平滑的色彩变化，使画面能在特定时间完成颜色过渡，实现图像的调色和风格化处理，使画面更加生动。

如果想要获得画面完成黑白上色的渐变过程，可以用"色彩"选项中的饱和度搭配蒙版路径关键帧完成画面着色渐变过程，具体操作如下所述。

❶ 将素材导入剪映时间线。因为画面中蒙版的底层逻辑是将画面中的部分区域覆盖，所以需要先复制一份素材，方便完成后期双轨的重合叠加，如图6-97所示。

❷ 单击其中上层轨道素材，在"色彩"调节选项中将饱和度降到最低，使其得到单色的画面效果，如图6-98所示。

❸ 单击画面中的线性蒙版，调节其旋转角度，给蒙版打上路径关键帧，使其从画面中一侧覆盖另一侧。因为底层轨道为正常颜色，当上层轨道被遮盖时，这样画面便完成了色彩着色，最终效果如图6-99所示。

❹ 最后，可以适当提高蒙版的边缘羽化值，使蒙版的滑动边缘更柔和。也可以给视频添加变速效果，或者搭配音乐、文字，使视频画面内容更丰富、更完善。

图6-97

图6-98

图6-99

# 第7章

# 调整视频画面影调与颜色

# 7.1 让画面更美的"调节"功能

## 认识"调节"功能

　　"调节"功能的作用主要有两点，分别为调整画面的亮度和调整画面的色彩。在调整画面亮度时，除了可以调节明暗，还可以单独对画面中的高光（如图7-1所示）和阴影（如图7-2所示）进行调整，从而使视频的影调更细腻，更有质感。

　　由于不同的色彩具有不同的情感，所以通过"调节"功能改变色彩能够表达出视频制作者的主观思想。

## 营造小清新风格色调

　　❶ 将视频导入剪映后，向右滑动界面下方的工具栏，即可找到"调节"选项，如图7-3所示。

　　❷ 首先利用"调节"选项中的工具调整画面亮度，使其更接近小清新风格。点击"亮度"选项，适当提高该参数值，让画面显得更阳光，如图7-4所示。

图7-1　　　　　　　　图7-2

　　❸ 接下来点击"高光"选项，适当降低该参数值，如图7-5所示。因为在提高亮度后，画面中较亮区域的细节有所减少，通过降低"高光"参数可以恢复部分细节。

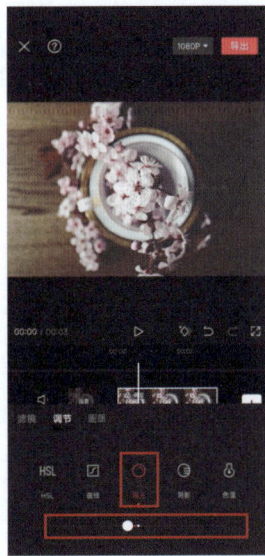

图7-3　　　　　　　　图7-4　　　　　　　　图7-5

❹ 要想让画面显得更清新，就要让阴影区域不那么暗。点击"阴影"选项，提高该参数值，画面变得更加柔和了。至此，小清新风格照片的影调就确定了，如图7-6所示。

❺ 接下来对画面色彩进行调整。由于小清新风格的画面色彩饱和度往往偏低，所以点击"饱和度"选项，适当降低该数值，如图7-7所示。

❻ 点击"色温"选项，适当降低该参数值，让色调偏蓝一点，因为冷调的画面可以传达出一种清新的视觉感受，如图7-8所示。

图7-6

图7-7

图7-8

❼ 然后点击"色调"选项，并向左滑动调整滑块，为画面增添些绿色，如图7-9所示。因为绿色代表着自然，与小清新风格照片的视觉感受是一致的。

❽ 再通过提高"褪色"选项的参数值，营造"空气感"。至此，画面就具有了强烈的小清新风格，如图7-10所示。

图7-9

图7-10

❾ 千万不要以为此时就已经大功告成了。风格调整范围仅限于当前片段。

当时间轴位于第一片段内时，就是之前利用"调节"功能实现的小清新风格画面是具有小清新色调的，如图7-11所示；而当时间轴位于第二片段所在的视频区域时，就恢复为原始色调了，如图7-12所示。

❿ 因此，最后一定记得控制效果轨道，使其覆盖希望添加效果的时间段。针对本案例，为了让整个视频都具有小清新色调，可以点击调节中的"全局应用"选项，如图7-13所示。如果对画面风格有其他要求，也可以选中第二片段进行单独调整。

  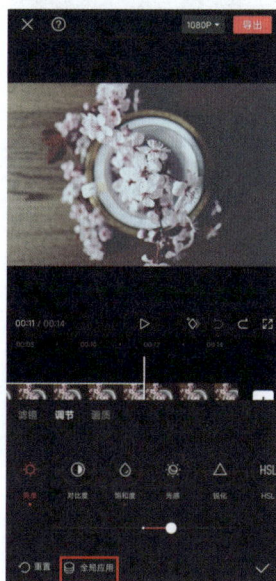

图7-11　　　　　　　　　　图7-12　　　　　　　　　　图7-13

# 7.2　一键调色的"滤镜"功能

与"调节"功能需要仔细调节多个参数才能获得预期效果不同，利用"滤镜"功能可以一键调出唯美的色调。下面具体介绍其使用方法。

❶ 选中需要添加滤镜效果的视频片段，点击界面下方的"滤镜"选项，如图7-14所示。

❷ 可以从多个分类下选择喜欢的滤镜效果。此处选择"夜景"分类下的"冷蓝"，让天空颜色深一些。通过拖动红框内的滑动条，可以调节"滤镜强度"，最高强度为"100"，如图7-15所示。

> **小提示：** 选中一个片段，点击"滤镜"选项为其添加第一个滤镜时，该效果会自动应用到整个所选片段，并且不会出现滤镜轨道。
>
> 但如果在没有选中任何视频片段的情况下，点击界面下方"滤镜"选项并添加滤镜，则会出现滤镜轨道，此时需要控制滤镜轨道的长度和位置来确定施加滤镜效果的区域。图7-16中的红框处为"青红夜"滤镜效果的轨道。

图7-14

图7-15

图7-16

## 7.3 让画面的出现与消失更精彩的"动画"功能

很多朋友在使用剪映时容易将"特效""转场"与"动画"混淆。虽然这三者都可以让画面看起来更具动感，但动画功能既不能像特效那样改变画面内容，也不能像转场那样衔接两个片段，它所实现的其实是所选视频片段出现以及消失时的动态效果。

也正是因为动画的这一特点，在一些以非技巧性转场衔接的片段中加入动画，往往可以让视频看起来更生动。

❶ 选中需要增加动画效果的视频片段，点击界面下方的"动画"选项，如图7-17所示。

❷ 接下来根据需要，可以为该视频片段添加"入场动画""出场动画"及"组合动画"。因为此处希望配合相机快门声实现拍照的效果，所以为其添加"入场动画"，如图7-18所示。

❸ 点击界面下方的各选项，即可为所选片段添加动画并进行预览。因为相机拍照声很清脆，所以此处选择同样比较干净利落的"轻微抖动Ⅲ"效果。通过动画时长滑动条还可调整动画的作用时间，这里将其设置为0.5秒，同样是为了让画面干净利落，如图7-19所示。

---

**小提示**：动画时长的可设置范围是根据所选片段的时长变动的。在设置动画时长后，具有动画效果的时间范围会在轨道上有浅浅的绿色覆盖，从而可以直观地看出动画时长与整个视频片段时长的关系。

通常来说，每一个视频片段的结尾附近（落幅）最好是比较稳定的，可以让观众清晰地看到该镜头所表现的内容，因此不建议让整个视频片段都具有动画效果。

但对于那些故意一闪而过，让观众看不清的画面，则可以通过缩短片段时长并添加动画来实现。

---

图7-17

图7-18

图7-19

# 7.4 润色素材使其与场景更好地融合

本节将以一个案例来讲解为视频或素材进行润色的作用。该案例将鲸素材与天空素材进行合成，从而营造奇幻感。合成过程中需要使用滤镜、画中画、蒙版、关键帧等功能。

## 步骤一：让天空中出现鲸

首先需要将鲸素材与风光素材进行合成，从而形成鲸出现在天空的效果，具体方法如下所述。

❶ 导入一段有天空和云彩的素材，如图7-20所示。之所以需要有云彩，是为了能制作出鲸鱼穿梭在云层中的效果，从而让画面看起来更逼真、更有代入感。

❷ 选中素材点击"切画中画"，将鲸素材添加至画中画轨道中，如图7-21所示。

❸ 选中鲸素材，点击界面下方的"抠像"，再点击"智能抠像"功能，将鲸从背景中抠出，如图7-22所示。

---

> **小提示：** 视频后期效果不仅仅与使用的剪辑技巧有关，素材的选择也至关重要。如果使用的素材与效果不匹配，即便剪辑方式再复杂，剪辑难度再高，也无法得到理想的效果。

图 7-20

图 7-21

图 7-22

❹ 点击画面中的鲸并拖动，将其调整至合适的位置，如图 7-23 所示。

❺ 选中位于主视频轨道的天空素材，缩短其长度至与鲸素材相同，如图 7-24 所示。

图 7-23

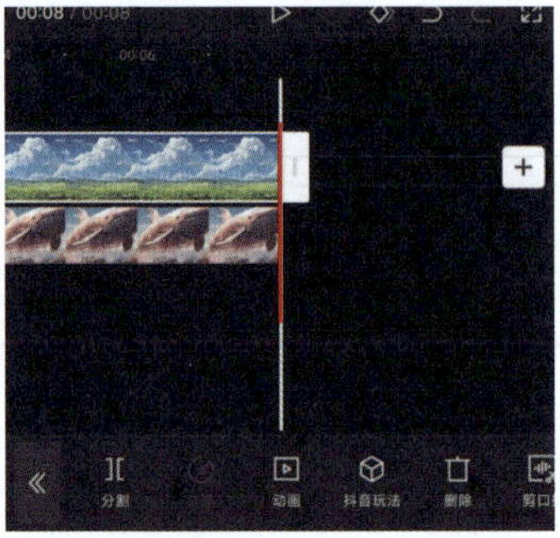

图 7-24

## 步骤二：让鲸在天空中的效果更逼真

虽然"鲸在天上"不可能在现实中存在，但为了让画面效果看起来不那么粗糙，依然需要进行一些润色，使其看起来更逼真。具体方法如下所述。

❶ 选中天空素材并点击界面下方的"复制"选项，如图 7-25 所示。

❷ 选中通过复制得到的片段，点击界面下方的"切画中画"选项，如图 7-26 所示。

❸ 随后将此段素材拖放在鲸素材的下方，并与之首尾对齐，如图 7-27 所示。

| 图7-25 | 图7-26 | 图7-27 |

❹ 继续选中该段视频素材，点击界面下方的"蒙版"选项，为其添加"圆形"蒙版。调整蒙版的位置和大小，使其刚好圈住鲸尾巴区域的云层。然后适当拉动 图标，营造些许羽化效果，从而实现鲸尾巴在云层中若隐若现的效果，如图7-28所示。

❺ 下面为鲸添加"滤镜"，从而改变其色彩，使它与素材的色彩更匹配，增加画面的代入感。选中鲸素材，点击界面下方的"滤镜"选项，如图7-29所示。

❻ 为其添加"相机模拟"分类中的"富士CC Ⅱ"滤镜，如图7-30所示。

| 图7-28 | 图7-29 | 图7-30 |

## 步骤三：让鲸在画面中动起来

最后，通过关键帧功能让鲸"游"起来。具体方法如下所述。

❶ 将时间轴移动到视频开始的位置，选中鲸素材，点击◇图标添加关键帧，如图7-31所示。

❷ 再将时间轴移动到视频的结尾处，并将画面中的鲸拖动至需要它"游"到的位置，此时剪映会自动在鲸素材轨道中打上关键帧，如图7-32所示。

❸ 依次点击界面下方"音频"和"音乐"选项，添加一首背景音乐。此处直接搜索"大鱼"，并从中选择一首使用，如图7-33所示。

❹ 选中音频轨道，截取音乐片段，将其末端与视频轨道对齐即可，如图7-34所示。

图7-31

图7-32

图7-33

图7-34

# 7.5 利用美颜功能美化角色

作为一款主要服务于短视频创作者的剪辑软件，这个功能的推出为用户提供了更多的后期修饰选项，使他们能够在剪辑视频时进行美颜和美体处理。此项功能对于大部分使用者是非常重要的，可以为用户提供一定的后期修饰效果，使视频画面更加精致和美观。

## "美颜"功能介绍

打开剪映App，在剪辑中找到"美颜美体"选项，点击"美颜"。通过工具栏选项，针对面部的美颜效果有磨皮、肤色、祛法令纹、祛黑眼圈、美白、白牙等主要功能，如图7-35所示。

"美型"功能则可以对眼、鼻、口、眉、面部进行修饰，比如通过后期剪辑的方式改变一个人的面部轮廓，从而达到"美容"的效果，进而提高人物在视频中的美感，如图7-36所示。随着剪映功能的不断升级优化，美颜美体效果已经较为自然，不会过度变形，充分保持视频的真实感，这也是创作者比较在意的。

图7-35　　　　　　　　　　　　　　　图7-36

首先学习"美颜"功能的具体使用方法，如下所述。

❶ 打开剪映App导入素材，如图7-37所示。

❷ 选中素材，点击下方的"美颜美体"选项，进入"美颜"功能，系统自动识别人脸。

❸ 点击"美颜"中使用频率最高的"磨皮"功能，向右调节下方的滑动条，在预览窗口中可以看到画面中人的面部变得光滑，如图7-38所示。运用同样的操作进行"美白"处理，画面人物得到美白效果，如图7-39所示。

图7-37　　　　　　　　图7-38　　　　　　　　图7-39

接下来学习"美型"功能的具体使用方法，如下所述。

❶ 在"美颜美体"功能中，点击"美颜"旁边的"美型"选项，如图7-40所示。

❷ 选择"美型"功能中使用频率较高的"瘦脸"功能，向右调节滑动条的同时，在预览窗口中观看效果，如图7-41所示。

❸ 运用同样的操作也可以对面部其他部位进行调整，例如，选择其中的"大眼"选项，便可以调整眼部大小，如图7-42所示。

图7-40　　　　　　　　　　　图7-41　　　　　　　　　　　图7-42

## "美体"功能

除去面部修饰功能，作为一款拥有丰富视频编辑功能的软件，"美体"功能可以帮助用户在视频中进行人体美容调整，通常是指通过视频剪辑软件对人物的身体进行修饰，使其看起来更加苗条和完美。这两项功能相辅相成，在视频剪辑中同时使用，可以帮助创作者实现全身修饰。

在"美体"功能中，有"智能美体"和"手动美体"两个选项。下面分别介绍，先说"智能美体"。

与"美颜"功能相似，"智能美体"功能分别按照身体主要部位进行了功能区域划分。日常使用频率最高的功能为瘦身、长腿、瘦腰和美白。

下面通过实际案例来介绍"智能美体"的具体使用方法。

❶ 打开剪映导入素材，在"美颜美体"功能中点击"美体"选项。如图7-43所示。

❷ "智能美体"中使用频率最高的功能为"瘦身""长腿""瘦腰"和"美白"。选择其中的"瘦身"功能，向右调节滑动条的同时，在预览窗口中观看效果，直到效果满意为止。如图7-44所示，在使用"瘦身"功能之后，人物全身维度都发生了明显变化。

❸ 和"美颜""美型"一样，智能化的操作模式只需要简单调节滑动条便可以完成。接下来，对人物进行"美胯"处理，得到效果如图7-45所示。

**小提示：**过度使用"美颜美体"等功能会对图片或视频画质产生影响，降低其清晰度。同时还会给画面带来不和谐的失真与画面变形，建议在使用"美颜"功能的同时不要让人物失去原有的特色和个性，尽量保持真实感和自然美，以便更好地呈现人物形象。

图 7-43　　　　　　　　　　图 7-44　　　　　　　　　　图 7-45

　　如果对"智能美体"之后的效果不满意，还可以使用"手动美体"功能来进行调整。"手动美体"功能主要分为"拉长""瘦身瘦腿""放大缩小"三个功能。

### 1."拉长"功能

❶ 在"美体"选项中选择"手动美体"选项，点击"拉长"选项，预览窗口中会出现两条黄色辅助线，如图 7-46 所示。

❷ 拖动两条辅助线中间的选择区间可以平移到画面中想要调整的位置。分别拖动两条辅助线上的方向箭头则可以实现选择区间的放大或缩小，如图 7-47 所示。

❸ 拖动选择区间将其放在模特的上半身，拖动辅助线使其区间正好覆盖模特上半身。调节下方滑动条，右滑使其上半身略微拉长，以使其腰身比更加和谐，如图 7-48 所示。

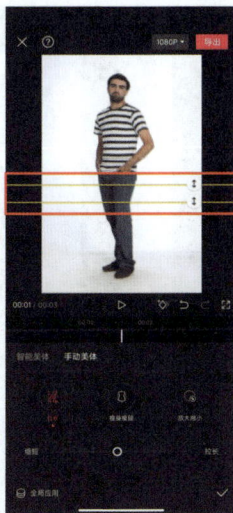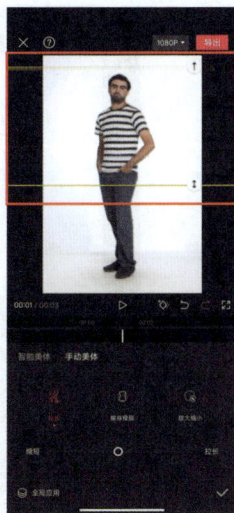

图 7-46　　　　　　　　　　图 7-47　　　　　　　　　　图 7-48

### 2. "瘦身瘦腿" 功能

"瘦身瘦腿" 功能是 "拉伸" 功能的延伸，"瘦身瘦腿" 功能增加了左右移动以及旋转功能，如图7-49所示。在使用这项功能时，不仅能完成 "智能美体" 中特定区域的瘦身，还能对身体其他部位进行胖瘦调节。

❶ 将调整区间置于人物头部位置，向右调节滑动条，则可以得到类似 "智能美体" 中的 "小头" 效果，如图7-50所示。

❷ 同样地，将功能区置于模特手臂位置，调整选区大小角度，向左调节滑动条使其变宽，便可以得到手臂增粗的效果，如图7-51所示。

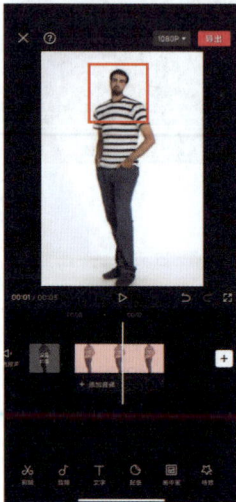

图 7-49　　　　　　　　　　图 7-50　　　　　　　　　　图 7-51

### 3. "放大缩小" 功能

"放大缩小" 功能中，选择区间变为了更加方便的圆形，如图7-52所示。拖动圆形区间进行放大缩小不仅可以进行整体调节，也可以针对更小部位进行 "微整手术"。

如图7-53所示，可以对需要 "微调" 区域进行细致调整。将选择区域移动至人物手臂处，滑动缩小其功能选区，将圆形选区大小调整为刚好覆盖模特上臂区域，向右拖动滑动条的同时在预览窗口中观察画面效果。

图 7-52　　　　　　　　　　图 7-53

# 7.6 剪映调色功能介绍

在早期的剪映版本中，"调节"与"滤镜"功能只能进行简单画面调节。在之后的更新中，剪映添加了"智能调色"以及色彩曲线、色彩平衡、色阶等高级调色功能。通过这些调色工具，可以自由地调整视频的颜色和色调，使得视频更加生动、鲜明、富有艺术感。

其中"智能调色"功能与过往版本相似，仅为简单一键套用功能。重点在于其更新的"HSL""曲线"与"色轮"（专业版专有）功能。

## HSL

HSL 三个字母分别代表色相（Hue）、饱和度（Saturation）、亮度（Lightness）。

### 色相

色相是色彩的最大特征，是指画面本身的颜色。通过调整"色相"选项，可以将一种颜色转换成为另外一种颜色。下面将通过一个实战案例来讲解此功能的具体使用方法。

❶ 通过色轮图了解色彩中色相的过渡色彩，如图 7-54 所示。

❷ 在剪映素材库中随机导入一段素材，在"调节"中找到"HSL"选项并点击，如图 7-55 所示。

❸ 可以看到，草地被落日余晖映照成金黄色。这时在"HSL"选项中点击黄色选项，向右滑动增加色相数值可以得到绿色。通过对比图 7-55 与图 7-56 可以发现，画面草地颜色发生了明显转变，这就是色相的最基本功能。

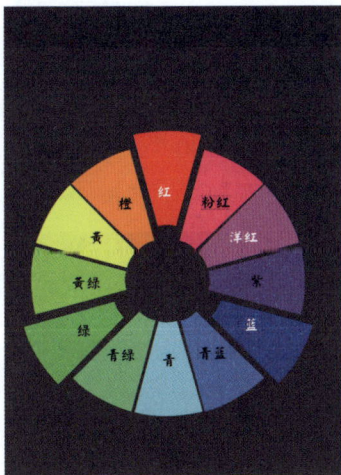
图 7-54

图 7-55

图 7-56

### 饱和度

饱和度也叫纯度，是指色彩的鲜艳程度。饱和度越高，画面色彩越鲜艳。

❶ 在剪映素材库中寻找一段饱和度较高的视频素材导入，以便得到更直观的画面效果。

❷ 将视频导入画面，按照之前的步骤进入"HSL"选项。如图 7-57 所示，可以看到画面中蓝色和绿色几乎平分画面色彩，因为两种颜色的鲜艳程度都比较高，这时可以降低饱和度来观察效果。

❸ 选择"HSL"选项中的蓝色选项，向左滑动调节饱和度。

❹ 明显看出，画面中蓝色色彩降到最低，最终呈现出一个黑白的效果，如图7-58所示。同样，当降低画面中绿色和黄色的饱和度，便会出现草地是黑白的效果，如图7-59所示。

图7-57　　　　　　　　　图7-58　　　　　　　　　图7-59

## 亮度

亮度也叫明度，是指色彩的明亮程度。亮度越高，画面中所对应的色彩越明亮；亮度越低，画面中所对应的色彩越暗淡。下面结合实例来介绍调节亮度的具体方法。

❶ 点击工具栏左上角的"重置"按钮，将之前演示草稿上的参数清零，如图7-60所示。

❷ 选中需要修改画面亮度的色彩，这里选择绿色进行演练示范，向右滑动"亮度"滑动条，可以看出画面中的绿色部分明显提亮，如图7-61所示。

❸ 同理，向左滑动"亮度"滑动条，画面中的绿色部分则会明显变得暗沉，如图7-62所示。

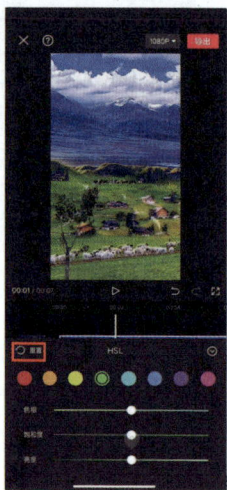  

图7-60　　　　　　　　　图7-61　　　　　　　　　图7-62

# 曲线

"曲线"功能中RGB分别代表着Red、Green、Blue三种颜色，也就是光的三原色。在"曲线"面板中，可以通过添加或删除锚点、自由调整曲线弯度来得到不同的色彩效果。RGB曲线调色是视频编辑中非常重要的一种工具，可以轻松实现各种颜色特效和风格，给视频添加各种生动的色彩。接下来结合实例简单介绍"曲线"的功能。

❶ 打开剪映素材库导入一段素材，在"调节"中选择"曲线"选项，如图7-63所示。

❷ 选择对应通道（包括透明、红、绿、蓝4个通道）。"曲线"下方功能区的4个区域对应画面的暗部、阴影、中间调、亮部的影调变化，拖动所需处理功能区的锚点，可以对画面色调影调进行控制。

❸ 如图7-64所示，对画面中相对应区域分别控制，从而使画面阴影部分更暗，高光部分更亮，但要注意应在操作时随时观察画面细节，以避免过暗、过亮导致画面失去细节。

图7-63  图7-64

在通道中的色彩面板中，选中其中所需要调整的色彩，这里选择了画面中比较醒目的蓝色色调。

❶ 重复之前步骤，打开剪映导入视频素材，在"调节"中选择"曲线"选项。

❷ 如图7-65所示，选择蓝色做曲线调色实验。拖动画面左侧区域锚点，上拉后会发现画面中暗部阴影区域变蓝（如图7-66所示），下拉后会发现画面中阴影部分变绿（如图7-67所示）。同理，拖动中间位置锚点上拉，发现画面中云层水光等较为明亮位置也发生类似变化。

❸ 由此类推，在面对画面中含有不同色彩元素的视频时，都可以通过调整不同的色彩曲线得到自己需要的画面效果。

因曲线调色变幻万千，不同参数可以得到不同的画面效果，这里只做简单的功能原理介绍，读者在学习使用的过程中可以多做不同尝试，寻找自己的视频调色风格。

图 7-65

图 7-66

图 7-67

## 色轮

在剪映中，"色轮"是一种非常实用的调色工具，它由多个颜色和色调组成，用户可以自由调整视频画面的颜色、亮度和对比度。通过选择不同的色轮，用户可以根据需求进行针对性的调色，强调特定的颜色或增强画面的细节和质感，从而使得视频画面更加生动、鲜明、有层次感。

如图 7-68 所示，4 个色轮分别对应暗部、中灰、亮部和偏移，圆环代表画面色彩变化的过渡效果。中心圆点对应颜色倾向，拖动中心圆点靠近色环中哪种颜色，画面颜色也将向对应的颜色过渡。左侧白色箭头代表饱和度，右侧白色箭头代表亮度。

图 7-68

下面通过具体示例，来对色轮功能进行介绍。

❶ 在"媒体"—"素材库"中导入一段素材，在画面调节区域进入色轮的调整界面，对应图 7-69 熟悉各项功能的定义以及调节范围。

❷ 观察视频素材，留意画面的高光、阴影、中间区域，选择自己想要调整的区域，比如这里想要增加画面中草原暗部的饱和度，则可以在控制暗部的色轮中，向上滑动饱和度箭头。将调整之后的效果（如图 7-70 所示）与原画面效果进行对比发现，画面暗部区域发生明显变化，阴影区域变得更"绿"。

❸ 调整之后，如果觉得"绿色太多"显得画面色调偏冷，可以拖动中心圆点向橙色移动，如图7-71所示。之后可以发现，画面阴影部分的颜色发生轻微变化，画面整体色调变暖。

同样操作也可作用在画面中其他影调区域位置，这里只做基础功能讲解与介绍，想要提升这一方面能力，需要在实战中结合不同画面案例多加练习。

| 图7-69 | 图7-70 | 图7-71 |

## 调色辅助工具——示波器

示波器是将图像中所有像素信息解析为亮度和色度信号，进行可视化操作的工具。剪映专业版可以通过单击播放器中的示波器来开启示波器功能。这种功能可以帮助用户在调色过程中更好地观察颜色和图像的波形，从而调整色彩效果。示波器可以提供亮度、对比度、色相等方面的参考，使调色变得更加准确和专业。使用示波器可以使剪映的调色效果更加出色。

❶ 打开剪映专业版，导入一段素材来观察示波器的具体应用。

❷ 单击播放器右上方的三条横线，在调色示波器中单击开启选项。这时，在播放器画面下方出现3个观看窗口，从左到右分别对应RGB示波器、RGB叠加示波器和矢量示波器，如图7-72所示。

| RGB示波器 | RGB叠加示波器 | 矢量示波器 |

图7-72

❸ RGB示波器的数值范围为0~1023。在示波器中的波纹代表画面亮度范围，底端代表画面暗部，顶端代表画面亮部。波纹在中轴线以下占据大多部分，则表示画面曝光不足，如图7-73所示。

图7-73

❹ 反之，如果示波器中波纹在中轴线以上占据绝大部分，则表示画面曝光过度，如图7-74所示。

图7-74

❺ 当示波器中波纹集中在中轴线附近时，说明画面色彩亮度范围小，需要结合示波器对画面进行调整，以达到一个视觉比较舒服的色彩。在RGB叠加示波器中，通过示波器画面，可以从中隐约看到山的形状，示波器中的颜色和亮度峰点与画面相对应。通过观察画面可以得知画面中的最高亮度区域和最低亮度区域。同时，因为画面中主导颜色为绿色，所以在示波器中绿色较为明显，如图7-75所示。

图7-75

矢量示波器测量的是图像中色彩的色相和饱和度。饱和度越高，画面中的矢量图标越大；反之，如果饱和度降到最低，那么矢量图标便只有一个白点。矢量图标的方向迹线表示图像中像素的色相，该方向上迹线越高，表示该图像中该色相的像素越多。如图7-75所示，即表示该图片中绿色像素最多。

以上便是示波器的基本介绍，它并不是剪映中的一项功能，而是辅助调色中的曲线、色轮的使用工具。同时，色彩变幻万千，想要真正掌握调色的应用不仅需要大量的练习，还要不断提高自己的审美能力。毕竟技术决定你的下限，思想决定你的上限。

# 7.7 剪映预设及LUT调色

通过剪映进行视频色彩调整，除了最简单的滤镜套用，或者通过画面亮度、色彩、曲线、色轮等选项进行手动调整外，还可以通过LUT预设功能进行色彩调节。LUT调色是一款非常受设计师喜欢的后期调色预设，通过使用LUT可以迅速达到很好的胶片质感和色彩效果，在此基础上稍做调整就能呈现很精彩的色彩风格。

一般在剪辑调色时，如果你调出一个能适用于自己大部分视频需求的色调，那么便可以在剪映内添加到预设选项中。

首先，在对画面进行调整之后，在画面"调节"选项中找到工具栏右下方的"保存预设"功能按钮，如图7-76所示。

预设被保存后，将自动存储在右上方功能区"调节"—"我的预设"选项中，如图7-77所示。将预设选项添加至轨道中，即可实现等同于滤镜的效果。

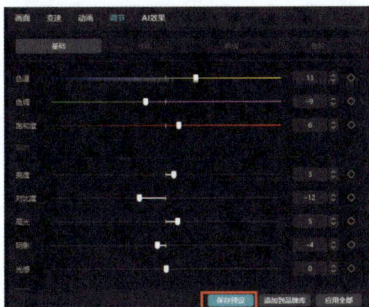

图7-76

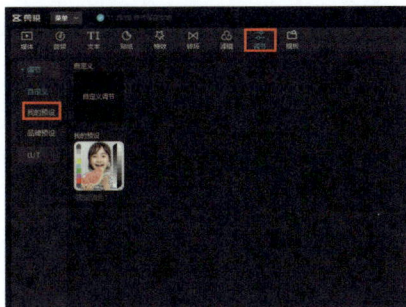

图7-77

受限于个体调色能力的不同，再加上剪映滤镜库中的许多滤镜仅限VIP使用，这时，就可以通过剪映中的LUT预设导入完成调色。

LUT调色作为一种非常成熟的调色方式，无论在视频还是图片的调色中都能达到提升画面质感的效果。目前剪映支持".cube"和".3dl"的LUT文件格式。

❶ 下载自己喜欢的LUT调色文件，如图7-78所示。

❷ 在媒体素材"调节"中单击"LUT"选项，导入调节素材，如图7-79所示。

导入之后，可以在播放器预览窗口查看画面滤镜适配效果，选择适合画面内容风格的滤镜导入画面中，调节滤镜在时间轴上的覆盖长度。整体效果如图7-80所示。

| 名称 | 修改日期 | 类型 | 大小 |
|---|---|---|---|
| 高光与阴影 | 2018/7/2 5:14 | 文件夹 | |
| 颜色调整 | 2018/7/2 14:11 | 文件夹 | |
| 范围 - 肤色 - 增加绿色.cube | 2018/7/10 0:06 | CUBE 文件 | 918 KB |
| 范围 - 肤色 - 增加紫色 1.cube | 2018/7/10 0:06 | CUBE 文件 | 924 KB |
| 范围 - 肤色 - 增加紫色 2.cube | 2018/7/10 0:06 | CUBE 文件 | 925 KB |
| 范围 - 中间值 - 偏品红.cube | 2018/7/10 0:06 | CUBE 文件 | 925 KB |
| 整体 - 减少饱和度.cube | 2018/7/10 0:06 | CUBE 文件 | 939 KB |
| 整体 - 降低曝光.cube | 2018/7/10 0:06 | CUBE 文件 | 814 KB |
| 整体 - 图像平面化 1.cube | 2018/7/10 0:06 | CUBE 文件 | 5,633 KB |
| 整体 - 图像平面化 2.cube | 2018/7/10 0:06 | CUBE 文件 | 936 KB |
| 整体 - 增加饱和度 (暗部去色减饱和).cube | 2018/7/10 0:06 | CUBE 文件 | 828 KB |
| 整体 - 增加饱和度 (整体).cube | 2018/7/10 0:06 | CUBE 文件 | 822 KB |
| 整体 - 增加对比度和高光保护 1.cube | 2018/7/10 0:06 | CUBE 文件 | 918 KB |
| 整体 - 增加对比度和高光保护 2.cube | 2018/7/10 0:06 | CUBE 文件 | 923 KB |
| 整体 - 增加对比度和高光保护 3.cube | 2018/7/10 0:06 | CUBE 文件 | 909 KB |
| 整体 - 增加对比度和高光保护 4.cube | 2018/7/10 0:06 | CUBE 文件 | 761 KB |

图7-78

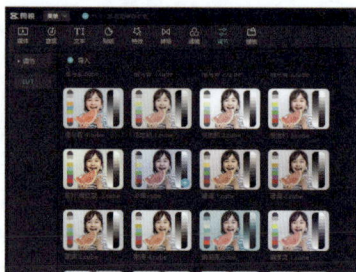

图7-79　　　　　　　　　　　　　　　　　　　图7-80

❸ 在"调节"工具栏中，可以进一步对画面明度、色彩进行调节，也可以直接调整"LUT"选项中的强度值，如图7-81所示，决定画面中整体色彩基调的强弱关系。

❹ 如果画面中人物占据主体位置，并且只想对环境色调进行调节，还可以打开"调节"基础面板中的"肤色保护"选项。图7-82所示便是开启肤色保护之后的画面，这时人物皮肤不随画面色调进行改变。

图7-81　　　　　　　　　　　　　　　　　图7-82

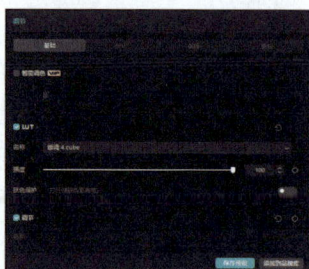

图7-83

在了解了LUT文件的基本使用之后，在画面的调节中，还可以通过LUT文件的叠加使得画面呈现出不同于单轨调色的特殊效果。

比如，在剪映滤镜库中有一些作用于人像的滤镜风格，可以在添加LUT文件进行调色的同时，将滤镜进行叠加，调整不同轨道的强度，得到人物、环境色彩都得到改变的画面颜色，如图7-83和图7-84所示。

图7-84

**小提示：** 调色在后期处理中是一项复杂且需要经验的任务。调色的难度在于需要掌握色彩的特征和对不同色调的理解。对于初学者来说，调色思路的培养需要不断的练习和积累。了解色彩原理和掌握一些调色技巧可以帮助快速调出所需的色彩效果。此外，对于各种不同风格的色调，可以学习他人的作品并进行模仿和实践。最重要的是，要有耐心和勤奋的态度来不断提升自己的调色技能。

# 第8章

# 添加转场与特效，
# 让视频更酷炫

# 8.1　何为转场

一个完整的视频，通常是由多个镜头组合而来的，而镜头与镜头之间的衔接，就被称为转场。

一个合适的转场效果，可以令镜头之间的衔接更流畅和自然。不同的转场效果也有其独特的视觉语言，从而传达出不同的信息。另外，部分转场方式还能够形成特殊的视觉效果，让视频更吸引人。

对于专业的视频制作而言，"如何转场"是应该在拍摄前就确定的。如果两个画面间的转场需要通过前期的拍摄技术来实现，这种转场被称为"技巧性转场"；如果两个画面间的转场仅依靠其内在或外在的联系，而不使用任何拍摄技术，则被称为"非技巧性转场"。

需要注意的是，"技巧性转场"与"非技巧性转场"没有高低优劣，只有适合不适合。其实在影视剧创作中，绝大部分转场均为"非技巧性转场"，也就是依赖于前后画面的联系进行转场。所以无论"技巧性转场"还是"非技巧性转场"，均是在前期拍摄时就已经打好了基础，后期剪辑时，只要将其衔接在一起即可。

对于普通的视频制作者而言，在拍摄能力不足的情况下，想实现一些比较酷炫的转场效果该怎么办呢？

其实剪映已经准备好了丰富的转场效果，直接点击两个视频片段的衔接处就可以添加。下面就来具体介绍使用剪映添加转场效果的方法。

# 8.2　使用剪映一键添加转场

上文中已经提到，添加转场效果的重点在于要让其与画面内容匹配，这样才能达到让两个视频片段衔接自然的目的。

❶　将多段视频导入剪映后，点击视频之间的 |I| 图标，即可进入转场编辑界面，如图8-1所示。

❷　由于第一段视频的运镜方式为从左向右移镜，为了让衔接更自然，所以选择一个具有相同方向的转场效果。点击"运镜"转场选项，然后选择"向右"转场效果。

通过界面下方的转场时长滑动条，可以设定转场的持续时间。每次更改设定时，转场效果都会自动在界面上方显示。

转场效果和时间都设定完成后，点击右上角的"√"即可；若点击左上角的"全局应用"选项，则可将该转场效果应用到所有视频的衔接部分，如图8-2所示。

❸　由于第二段视频为推镜拍摄的，所以为了让转场效果看起来更自然，此处选择推镜头这种运镜转场方式。

点击"运镜"转场选项，然后选择"推近"效果，并适当调整转场时长，如图8-3所示。

图8-1　　　　　　　　　　　　图8-2　　　　　　　　　　　　图8-3

# 8.3　剪映专业版这样添加转场

　　剪映专业版与剪映手机版相比一个很大的不同在于，手机版中视频素材间的 □ 图标在剪映专业版中消失了。那么在剪映专业版中，该如何添加转场效果呢？

　　❶ 移动时间轴至需要添加转场的位置附近，如图8-4所示。

　　❷ 单击界面上方的"转场"选项，并从左侧列表中选择转场类别，再从素材区中选择合适的转场效果，如图8-5所示。

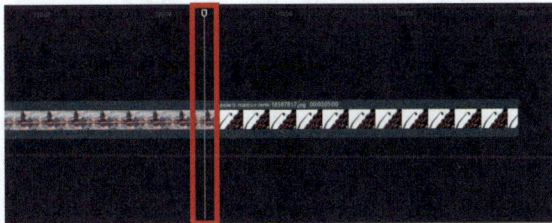

图8-4

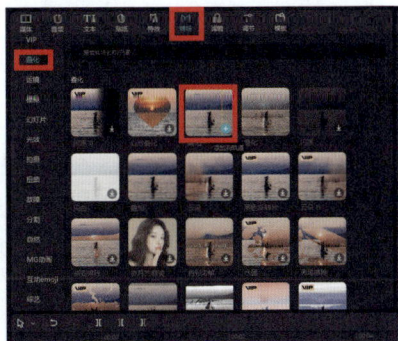

图8-5

　　❸ 单击转场效果右下角的 ⊞ 图标，即可在距离时间轴最近的片段衔接处添加转场效果，如图8-6所示。

　　❹ 选中片段间的转场效果，拖动如图8-6所示白框的两边即可调节转场时长。也可以选中转场效果后，在细节调整区设定转场时长，如图8-7所示。

⑤需要注意的是，有些转场的过渡需要两个片段之间有相同片段，这时需要勾选"添加重复帧创建转场"，如图8-8所示。

图8-6

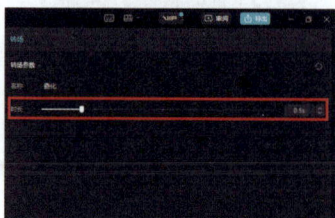

图8-7

图8-8

> **小提示**：转场效果会让两个视频片段在衔接处出现过渡效果，因此在制作音乐卡点视频时，为了让卡点的效果更明显，往往需要将转场效果的起始端对准音乐节拍点。

# 8.4　制作特殊转场——抠图转场效果

有些很酷炫的转场效果是无法在剪映中一键添加的，需要通过后期制作才能实现，比如接下来要讲解的抠图转场效果。这类需要自己制作的转场效果往往可以让视频与众不同，从而在抖音或者其他平台的海量内容中脱颖而出。本案例将使用到"画中画""自动踩点""动画"及"特效"等功能。

## 步骤一：准备抠图转场所需素材

在抠图转场效果中，每一次转场都是以下一个素材第一帧的局部抠图画面作为开始，继而过渡到下一个场景。因此，在制作抠图转场效果之前，除了要准备好多个视频片段，还要准备好视频片段第一帧的抠图画面。这里直接结合剪映中的"AI商品图"功能进行实战演练。

❶在剪映App首页界面中选择"AI商品图"选项，如图8-9所示。

❷选择图片后点击右下角的"编辑"按钮，再点击右上角的"去编辑"功能按钮，选择"智能抠图"选项，如图8-10所示，提取所需素材图片，点击右上角的"导出"按钮即可。

图8-9

图8-10

❸ 导出之后的PNG图片将自动保存在相册中，最终得到如图8-11所示的画面。

❹ 其他视频片段均按以上步骤进行操作。需要注意的是，在剪辑中第一个出现的视频片段不需要做此操作，因为第一个视频片段不需要从其他画面转场过来。

> **小提示**：由于抠图转场效果重点在于营造一种平面感，所以抠图不需要非常精细。另外，选择轮廓分明的视频画面进行抠图会得到更好的效果，并且抠图速度也更快。

图8-11

## 步骤二：实现抠图转场基本效果

准备好素材之后，就可以进入剪映进行抠图转场效果的制作了。具体方法如下所述。

❶ 将准备好的视频素材导入剪映，并点击界面下方的"画中画"选项，如图8-12所示。

❷ 点击"新增画中画"，将之前抠好的、下一个视频的第一帧图片导入剪映，如图8-13所示。虽然此时图片显示为黑色背景，但添加至剪映中后，就是透明背景了。

❸ 选中导入的抠图素材，并将时间轴移动到转场后的视频片段开头位置。然后调整抠图素材的位置和大小，使其与画面完全重合，如图8-14所示。

图8-12

图8-13

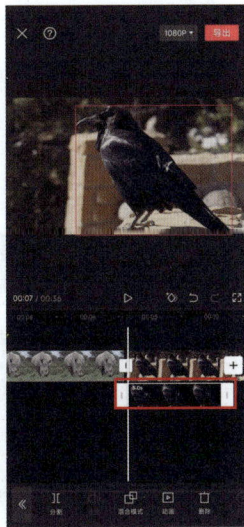

图8-14

❹ 缩短抠图素材时长至0.5秒左右，所选片段时长会在素材处显示，如图8-15所示。

❺ 将抠图素材的末端与两个视频片段衔接处对齐，如图8-16所示。

❻ 将需要制作转场效果的另外三个视频片段添加至剪映后，按照相同方法制作抠图转场效果即可，如图8-17所示。

图8-15 　　　　　　　　　图8-16 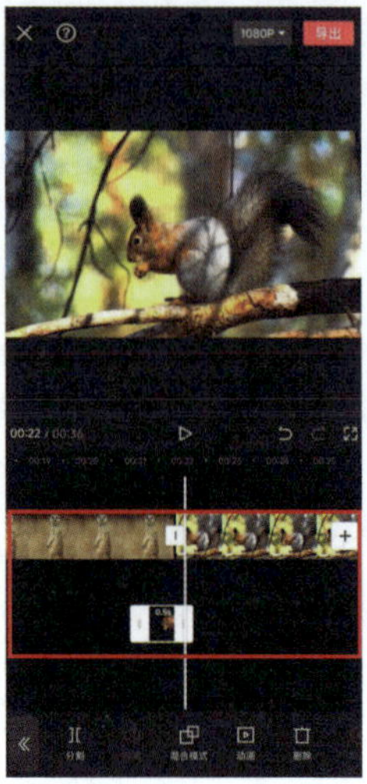　　　　　　　　　图8-17

> **小提示：** 抠图素材时长控制的0.5秒并不是固定值。之所以建议读者将其调整为0.5秒，是因为经过反复尝试后，发现0.5秒的时间既可以让观众意识到图片的出现，又不至于被与当前画面无关的画面干扰。当然，读者也可以根据自己的需求对该时长进行调整。

## 步骤三：加入音乐实现卡点抠图转场

为了让转场的节奏感更强，可以选择合适的背景音乐并在音乐节拍处进行抠图转场。具体方法如下所述。

❶ 依次点击界面下方的"音频"和"音乐"选项，在音乐选择界面上方搜索框内输入"man on a mission"，选择"使用"这首音乐，如图8-18所示。

❷ 选中音频轨道后，点击界面下方的"节拍"选项，如图8-19所示。

❸ 开启界面左下角的"自动踩点"开关，并选择节拍节奏，如图8-20所示。因为视频片段只有5个，所以可以在下方调节选项通过选择减慢节拍点节奏来降低节拍点的数量。

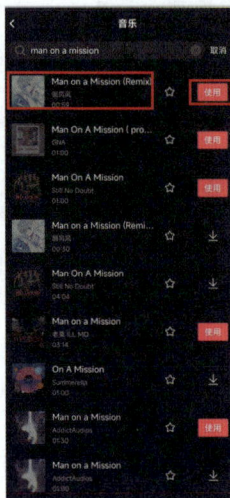

图8-18 　　　　　　　　　图8-19 　　　　　　　　　图8-20

④ 点击如图8-21中所示的图标，查看画中画轨道。

⑤ 选中画中画轨道中的第一个素材，将其开头与第一个节拍点对齐；再将主视频轨道中的素材（转场前的视频片段）末尾与画中画轨道中的抠图素材末尾对齐，如图8-22所示。这样就实现了在节拍点处进行抠图转场的效果。

⑥ 对其他3个视频片段的抠图转场均按照上述方法进行处理，即可实现每次转场均在节拍点上，也就是所谓的音乐卡点效果，如图8-23所示。

> **小提示：** 在将主视频轨道素材与画中画轨道中的抠图素材末尾对齐时，由于没有吸附效果，所以不太可能做到完全对准。此时切记，主视频轨道的视频长度与抠图素材的长度相比要"宁短勿长"，也就是要确保在主视频素材每个衔接时间点均会出现抠图素材画面。只有这样，才能正确实现抠图转场效果。

图8-21

图8-22

图8-23

## 步骤四：加入动画和特效让转场更震撼

经过上述步骤得到的抠图转场效果依旧比较平淡，所以需要增加动画和特效来强化其视觉效果。

① 选中画中画轨道中的抠图素材，并点击界面下方的"动画"选项，如图8-24所示。

② 点击界面下方的"入场动画"选项，选择"向下甩入"效果，如图8-25所示。读者也可以选择自己喜欢的效果进行添加。但为了更好地表现出抠图转场效果的优势，建议选择"甩入"类的动画，从而营造更强的视觉冲击力。

③ 按照上述方法，对每个抠图素材都添加"入场动画"效果。

④ 点击界面下方的"特效"，并选择"画面特效"分类下的"白色描边"效果。然后将该效果的首尾与抠图素材对齐，如图8-26所示。以相同方法，为每个抠图素材入场时都添加一个特效。

图 8-24

图 8-25

图 8-26

# 8.5 特效对于视频的意义

剪映中有非常丰富的特效，很多用户只是单纯地利用特效让画面变得更酷炫，当然，这是特效的一个重要作用。但特效对于视频的意义绝不仅仅如此，它可以让视频具有更多可能。

## 利用特效突出画面重点

一个视频中往往会有几个画面需要重点突出，比如运动视频中最精彩的动作，或者是带货视频中展示产品时的画面。单独为这部分画面添加特效后，可以使之与其他部分在视觉效果上产生强烈的对比，从而起到突出视频中关键画面的作用。

## 利用特效营造画面氛围

对于一些需要突出情绪的视频而言，与情绪匹配的画面氛围至关重要。而一些场景在前期拍摄时可能没有条件去营造适合表达情绪的环境，那么通过后期增加特效来营造画面氛围则成为一种有效的替代方案。

## 利用特效强调画面节奏感

让画面形成良好的节奏可以说是后期剪辑最重要的目的之一。那些比较短促、具有爆发力的特效，可以让画面的节奏感更突出。利用特效来突出节奏感还有一个好处，就是可以让画面在发生变化时更具观赏性。

## 8.6　使用剪映添加特效的方法

❶ 点击界面下方"特效"选项。剪映按不同效果，将特效分成了"画面特效""人物特效""图片玩法""AI特效"4种类别，如图8-27所示。

❷ 点击一种类别，即可从中选择相应的具体特效。在选择一种特效后，预览界面会自动播放添加此特效后的效果。此处选择"画面特效"—"基础"分类下的"变焦推镜"特效，如图8-28所示。

❸ 在编辑界面下方，即出现"变焦推镜"特效的轨道。按住该轨道拖动，即可调节其位置；选中该轨道，拉动左侧或右侧的白边，即可调节特效作用范围，如图8-29所示。

图8-27　　　　　　　　　　　图8-28　　　　　　　　　　　图8-29

❹ 如果需要继续增加其他特效，不选中画面直接在下方再次点击"特效"选项即可，如图8-30所示。

❺ 特效中的第二个特效选项为"人物特效"。导入一张人物图片，点击"人物特效"，在功能选择中选择"形象"—"潮酷男孩"，作品自动生成漫画头像，如图8-31所示。

按照之前的步骤调整其特效大小及作用范围即可完成"人物特效"添加。

图8-30　　　　　　　　　　　图8-31

❻ "抖音玩法"在特效中被归类于"图片玩法"，其实是相同功能的不同叫法。前文中介绍了"抖音玩法"的"运镜"效果。除了此功能，"图片玩法"还包括"场景变换""人像风格""AI绘画""变脸"等多种功能特效，如图8-32所示。

❼ 点击"图片玩法"，选择"场景变换"中的"魔法换天"，系统自动生成此场景并替换原有背景，如图8-33所示。

❽ 同样，也可以选择其中的其他特效应用在画面中，比如这里选择"分割"中的"立体相册"功能来得到不同的画面效果，如图8-34所示。

图8-32

图8-33

图8-34

最后一项功能为"AI特效"，与大家可能接触过的AI绘图软件相似，AI结合描述词，根据所提供的信息生成画面。

具体操作方法如下所述。

❶ 将之前使用过的模特素材导入时间线内，点击"AI特效"，系统默认描述如图8-35所示。

❷ 目前"AI特效"功能共有4种风格可供选择，可以选择系统默认描述进行生成，也可以点击"随机"按钮重新生成描述词。

还可以点击"灵感"按钮来参考官方提供的描述词参数，如图8-36所示。

图8-35

图8-36

**小提示：** 在添加特效之后，如果切换到其他轨道进行编辑，特效轨道将被隐藏。如需再次对特效进行编辑，点击界面下方的"特效"选项即可。

❸ 在此修改部分描述，在描述词中添加"雷电背景""未来感眼睛"等关键词，如图8-37所示。

❹ 最终生成效果如图8-38所示。

目前此功能生成效果较为随机，描述词与最终成像效果亦有不足之处，不过对于一款剪辑软件来说，已经可以满足大部分用户的探索需求。

图8-37

图8-38

# 8.7　利用特效营造画面氛围——"灵魂出窍"效果制作

在视频效果的表达中，为了能使观众更深入地了解角色的内心世界，增加故事的戏剧性和情感共鸣，可以通过剪辑的手段来完成角色人物分身的效果，为观众带来视觉冲击和新鲜感。

本案例中，将通过应用"切画中画""定格"及"自动踩点"等功能来演示"灵魂出窍"效果的制作，操作步骤如下所示。

## 步骤一：准备制作"灵魂出窍"效果的素材

寻找一段适合"灵魂出窍"的素材。因本案例需要通过此特效来增强画面效果，所以需要一段人物表现力较高的素材，这里选择电影中的经典片段"小丑下楼梯"来进行此特效展示。

❶ 从网上下载"小丑下楼梯"视频素材，将其导入时间线区域内，如图8-39所示。

❷ 确定画面比例，点击工具栏中的"比例"功能，将其修改为16:9，调整画面大小，避免出现黑边，如图8-40所示。

❸ 确定画面起始位置，选择视频画面情绪最丰富的片段进行效果演示，如图8-41所示。

❹ 点击"关闭原声"按钮浏览素材，确定"小丑下楼梯"场景的开头与结束位置，在场景出现的开始位置点击"分割"按钮方便后续片段定位剪辑，如图8-42所示。

图 8-39　　　　　　　　图 8-40　　　　　　　　图 8-41　　　　　　　　图 8-42

## 步骤二：定格"出窍"瞬间，并选择合适的音乐

由于"灵魂出窍"的瞬间需要画面定格后对定格画面进行处理，所以先进行定格操作。具体方法如下所述。

❶ 将时间轴移动到画面"定格"位置，为了使画面过渡自然，保留两秒素材作为视频开头，将剩余片段删除，如图 8-43 所示。

❷ 为了让"分身"那一瞬间更突出，先找一首更贴近画面主题的背景音乐，那么当"出窍"瞬间与这个节拍点同步时，效果就会更加震撼。本案例选择的背景音乐为"Arena Anthem"，如图 8-44 所示。

❸ 选中音频轨道，点击界面下方的"节拍"选项，如图 8-45 所示。

图 8-43　　　　　　　　图 8-44　　　　　　　　图 8-45

❹ 使用"自动踩点"功能得到音乐节拍点，确定画面中所需"定格"数量。本段视频不需要过多节拍点，将"自动踩点"参数调节至慢速即可，如图8-46所示。

❺ 将时间轴移动到该定格动作刚刚做好的瞬间，并点击界面下方的"定格"选项，如图8-47所示。

❻ 选中"定格"图像，点击"抠像"中的"智能抠像"选项，如图8-48所示。

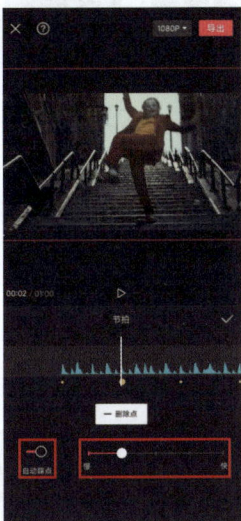
图8-46

图8-47

图8-48

## 步骤三：实现"灵魂出窍"效果

为实现分身的移动效果，需要将两个画面重叠起来，制作"灵魂"的移动效果，具体方法如下所述。

❶ 选中定格画面片段，点击下方的"切画中画"功能，将其导入下层轨道，并调整大小使其与主视频画面大小相同，如图8-49所示。

❷ 移动时间轴，使定格画面与开始做出动作的瞬间重合，如图8-50所示。

❸ 选中抠像之后的定格画面轨道，点击 ◇ 按钮，为其制作关键帧动画，如图8-51所示。

❹ 为其制作一个从左上方移动到与画面重叠的"关键帧"路径，创作一个"灵魂出窍"的画面效果，如图8-52所示。

图8-49

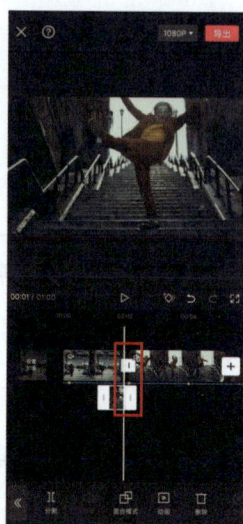
图8-50

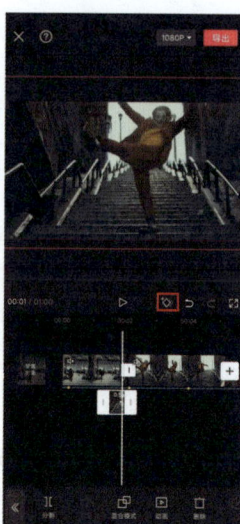
图8-51

图8-52

❺ 选中画中画轨道，点击界面下方的"不透明度"选项，略微降低其影像不透明度，使画面重叠过程形成"虚""实"对比，如图8-53所示。

❻ 选择下个节拍点位置，如图8-54所示。若当前画面中的动作无法与音乐节奏匹配，可以继续通过对局部画面做变速处理的方式，进行调整。

❼ 在此处画面中，按照之前的步骤进行"定格""抠像""切画中画"处理，如图8-55所示。

❽ 与前一画面进行区别处理，选中画面，点击下方"复制"按钮，复制多个素材，如图8-56所示。

图8-53

图8-54

图8-55

图8-56

❾ 分别为复制的素材打上不同移动效果的关键帧，使"灵魂"从多个方位汇集在"主体"中，如图8-57所示。

⓾可以分别改变每段素材的"不透明度"并为其增加"缩放""旋转"关键帧，使"灵魂"画面效果更丰富，如图8-58所示。

⓫接下来按照所希望的视频长度确定画面中的变化场景，可以选择给每个音乐节拍点都制作相应效果，也可以在希望画面结束的位置截掉剩余画面，具体效果自行决定，如图8-59所示。

| 图8-57 | 图8-58 | 图8-59 |

## 步骤四：通过"特效"功能营造画面氛围

制作完成"灵魂出窍"的效果之后，仍然需要对画面进行润色。所以接下来通过"特效"功能营造画面氛围。具体方法如下所述。

❶ 在"灵魂归体"的瞬间，"主体"画面应有相对应效果迎接"灵魂出窍"瞬间。但目前这个动作的速度太快，所以要对该动作进行降速处理。截取出该动作的片段，点击"变速"选项，如图8-60所示。

❷ 点击"常规变速"，降速至"0.5x"，并勾选"智能补帧"选项，如图8-61所示。

❸ 将画中画轨道素材重新与定格画面的分割处对齐，如图8-62所示。

| 图8-60 | 图8-61 | 图8-62 |

❹ 处理完视频轨道、画中画轨道、音频轨道上的素材对应关系之后，可以为画面衔接处添加音效。在"音效"中搜索"突然出现"，选择其中一个选项并点击其后的"使用"按钮，如图8-63所示。

❺ 点击界面下方的"特效"选项，搜索选择"人物特效"中的"彩色描边"效果，如图8-64所示。

❻ 该特效可以营造出"灵魂出窍"后的异空间效果。可以在特效下方"作用对象"中选择特效作用轨道，这里选择仅作用于"主视频"，如图8-65所示。

图8-63　　　　　　　　　　　图8-64　　　　　　　　　　　图8-65

❼ 随后可以为其他节拍点分别添加"特效"。选择第二个节拍点为其添加"闪光震动"特效，如图8-66所示。依此类推分别为其他节拍点添加不同"特效"。

❽ 除此之外还可以为画面增加整体"滤镜"效果。点击界面下方的"滤镜"选项，添加"精选"分类下的"奥本海默"滤镜效果，点击"全局应用"中的"√"按钮进行整体应用，如图8-67所示。

图8-66　　　　　　　　　　　图8-67

**小提示：** 在为有画中画轨道的视频添加特效时，要时刻记住确定该特效的"作用对象"。因为在默认情况下，即便特效轨道同时还覆盖了画中画轨道素材，特效也只会对其所覆盖的"主视频"起作用。当需要让画面中所有元素都受到特效的影响时，就需要将"作用对象"手动设置为"全局"；如果只希望特效作用在"画中画"，则需要将其手动设置为"画中画"。

# 8.8　利用特效营造场景感——时尚杂志封面效果制作

剪映中的部分特效还可以用于营造某些特定的场景。比如"变清晰"特效就加入了相机拍摄时的对焦过程，那么利用该效果，即可制作出拍照场景的视频。本案例除了使用"特效"功能，还添加了"音效""滤镜"等。

## 步骤一：导入素材并实现音乐卡点

因为本案例涉及从普通画面到杂志封面的转变，那么转变的节点如果可以和音乐的节拍匹配，就能营造出很好的节奏感。具体方法如下所述。

❶ 将多张照片导入剪映后，点击界面下方的"比例"选项，选择"9:16"，并调整画面大小至填充整个画布，如图8-68所示。

❷ 将时间轴移动到图片素材的中间位置附近，并点击界面下方的"分割"选项，如图8-69所示。此步骤是为了之后营造封面效果做准备，所以目前不用确定其时长，分割的位置也没有要求，只要将各段图片素材均分割成两段即可。

❸ 点击界面下方的"音频"选项，选择"音乐"，搜索"音乐卡点"选择音乐并使用，如图8-70所示。

图8-68

图8-69

图8-70

> **小提示：** 将画面比例设置为9:16后，如果素材中包含横画幅的照片，那么就需要考虑其填充整个画面后的构图及清晰度是否依然符合要求。构图可以通过改变画面位置进行调节，而一旦画质降低过于严重，就只能更换素材了。另外，通过将每段素材复制一次的方法也可以实现上文提到的将各段素材均变为两段的效果。

❹ 确定音乐前奏的起始位置，点击界面下方的"分割"选项，选取其中音乐节奏高潮部分，并将其与视频轨道对齐，如图8-71所示。

❺ 选中音频轨道，然后点击界面下方的"节拍"选项，如图8-72所示。

❻ 点击启用"自动踩点"选项，音频轨道上会自动记录节拍点，试听音乐节奏，结合画面内容，这里选择减少节拍点，如图8-73所示。

图8-71

图8-72

图8-73

❼ 选中开头的视频片段，将其末端与第1个节拍点对齐；再选中第2个视频片段，将其末端与第2个节拍点对齐。以此类推，将每个视频片段的末端均与相应的节拍点对齐，如图8-74所示。这样就实现了音乐卡点效果。

❽ 选中音频轨道，将其结尾与视频结尾对齐即可，如图8-75所示。

图8-74

图8-75

## 步骤二：增加特效和音效，实现"在拍照"的感觉

接下来为视频添加特效和音效，营造出类似拍照的画面。具体方法如下所述。

❶ 点击界面下方的"特效"选项，在"画面特效"中搜索"变清晰"，如图8-76所示。

❷ 选中特效轨道，将其开头与视频开头对齐，结尾与第一个节拍点对齐，如图8-77所示。

❸ 再次选中特效轨道，点击界面下方的"复制"选项，如图8-78所示。

图8-76

图8-77

图8-78

❹ 将复制好的"变清晰"特效的开头与第2个节拍点对齐，将结尾与第3个节拍点对齐，如图8-79所示。也就是说，"变清晰"特效只覆盖每张照片素材的前半段轨道即可。因为后半段轨道是拍摄后的效果，并不需要对焦过程的画面。

接下来采用相同的方法，将"变清晰"特效依次覆盖到每张照片的前半段轨道。

❺ 依次点击界面下方的"音频"和"音效"选项，选择"机械"分类下的"拍照声4"，如图8-80所示。

图8-79

图8-80

❻ 由于音效轨道的前面一小段是没有声音的，所以不能简单地将其开头与节拍点对齐，而应当调整音效位置，并重复试听，直到音效声与图片转换的瞬间基本一致即可，如图8-81所示。记住节拍点对准音效轨道的大概位置，这样可以提高接下来确定音效位置时的效率。

❼ 选中该音效并复制，然后移动该音效至下一个"拍照"的瞬间。由于之前已经有过将音效与节拍点匹配的经验，所以接下来的匹配速度就会快很多，如图8-82所示。

按照此方法，在之后的每一个"拍照"瞬间所对应的节拍点处，增加拍照声音效。

图8-81

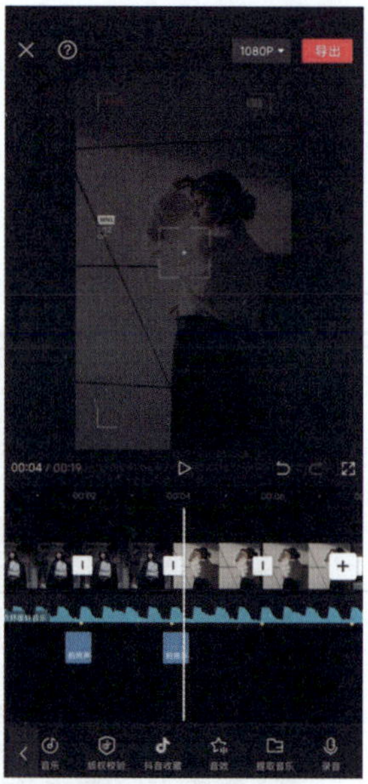

图8-82

## 步骤三：增加"贴纸""滤镜"和"动画"效果，让拍照前后出现反差

只有当"拍照"前后的画面出现明显变化，这个视频才有看点。接下来将"拍照"后的画面处理为类似杂志封面的效果，从而与"拍照"前的普通画面形成反差。具体方法如下所述。

❶ 点击界面下方的"贴纸"选项，在搜索框中搜索"封面杂志"，如图8-83所示。

❷ 调整封面贴纸的大小，使其与图片相匹配，然后将其轨道覆盖当前画面"拍照"后的视频轨道，如图8-84所示。

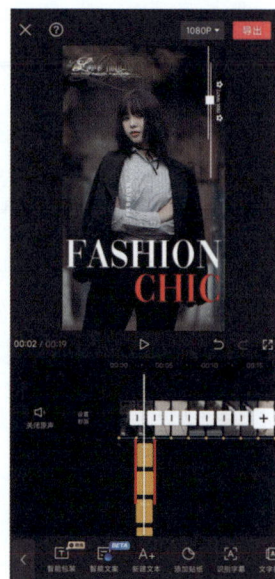

图8-83

图8-84

❸ 为了让视频画面不显单调，建议为不同的照片选择不同的封面贴纸，并覆盖到各"拍照"后的视频轨道。剩下3张照片所添加的封面贴纸如图8-85所示。

❹ 伴随着"咔嚓"的拍照声，如果画面能有一些动画效果，就可以让视频更精彩。选中"拍照"后的片段，点击界面下方的"动画"选项，为其添加"入场动画"中的"轻微抖动"效果，如图8-86所示。

通过相同的方法，为接下来每一个"拍照"后的视频片段均添加一个入场动画。

❺ 如果只有图片有动画效果而贴纸却没有，看起来会有些不协调。因此选中贴纸，点击界面下方的"动画"选项，为其添加"入场动画"中的"弹入"效果，如图8-87所示。按照相同的方法，为之后的每一个封面贴纸都添加一个"动画"效果。

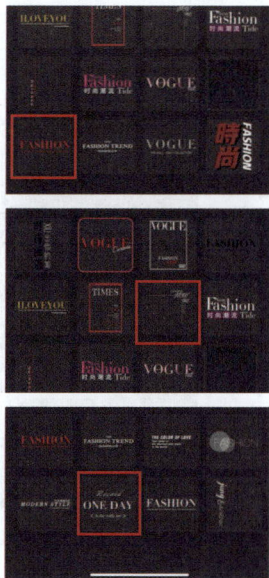

图8-85

图8-86

图8-87

❻ 其实处理到这一步，效果就已经比较不错了。为了更好地展现拍照前后的画面变化效果，可以为图片添加滤镜来突出画面效果。所以，接下来为"拍照"后的画面添加滤镜效果。选中需要添加滤镜的片段，点击界面下方的"滤镜"选项，如图8-88所示。

❼ 此处选择的是"胶片"分类下的"富士CCⅡ"滤镜，如图8-89所示。

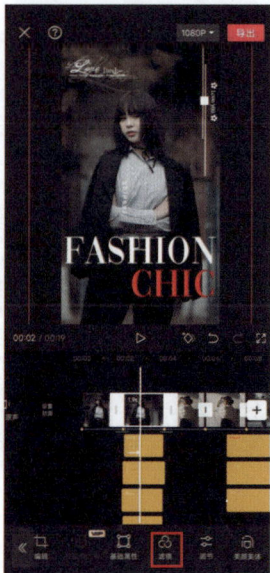

图8-88

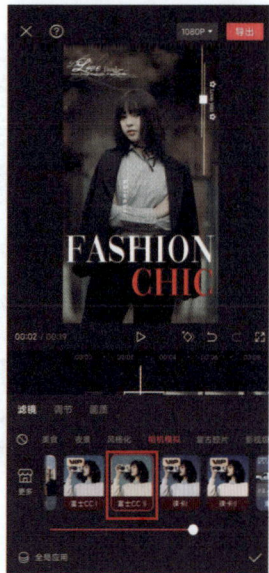

图8-89

# 8.9 转场与特效结合——Vlog转场特效制作

本案例将通过实战演练，通过"关键帧"+"图片移动"完成照片回忆Vlog制作。帮助大家学习了解此类视频制作的底层逻辑。

## 步骤一：准备素材并进行前期制作

❶ 将所需图片素材导入剪映App中，如图8-90所示。

❷ 点击"新建文本"按钮，输入6个分隔字符"|｜｜｜｜｜"，作为素材分割的辅助线，如图8-91所示。

❸ 将文本与主轨图片素材开头对齐，并放大文本使其边缘与画面边缘重叠，如图8-92所示。

❹ 选中主轨素材，双指滑动将其缩小，并将其放于第一个"空格"内，如图8-93所示。

图8-90　　　　　　　　图8-91　　　　　　　　图8-92　　　　　　　　图8-93

❻ 点击"画中画"中的"新增画中画"，将所需素材导入剪映内，如图8-94所示。

❻ 按照对第一张素材的操作方法对后4张照片再次进行处理，并使5条轨道上的照片对齐。如图8-95所示。

❼ 点击"背景"中的"画布颜色"，将其背景改为"白色"，如图8-96所示。

图8-94　　　　　　　　图8-95　　　　　　　　图8-96

## 步骤二：剪辑素材并确定其轨道位置

❶ 删除添加的辅助线文本，点击右上角的"导出"，如图8-97所示。

❷ 点击剪辑草稿右下方的三个点，选择"复制草稿"选项，如图8-98所示。

❸ 点击工具栏中"替换"按钮，将其替换为5个新的素材，并调整其大小位置，如图8-99所示。

❹ 重复操作，再次"复制草稿"进行"替换"并将之后两个视频全部导出，如图8-100所示。

图8-97　　　　　　　图8-98　　　　　　　图8-99　　　　　　　图8-100

## 步骤三：利用画中画制作"画面流逝"效果

❶ 再次导入一张图片素材，在素材的开头和结尾位置打上关键帧，制作图片"由大变小"的缩放，如图8-101所示。

❷ 点击"复制"选项，再点击下方"切画中画"，将其置于画中画轨道，如图8-102所示。

❸ 重复复制"画中画"轨道中的素材，按照"阶梯形"依次将其置于画中画轨道中，并为每个画中画轨道制作从各个方位汇入中心位置的关键帧动画，如图8-103所示。

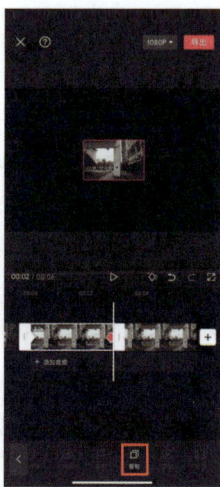

图8-101　　　　　　　图8-102　　　　　　　图8-103

④ 点击"特效"中的"白色边框"，如图 8-104 所示。

⑤ 接下来，点击"特效轨道"上的"白色边框"，根据素材数量进行复制，并分别用于每一个素材，如图 8-105 所示。

图 8-104          图 8-105

## 步骤四：对两个画面进行合成

接下来的工作主要是对视频效果进行合成，使画面表现力更强。具体方法如下所述。

❶ 点击时间线上的 ✚ 按钮，将之前准备的素材导入画面内，如图 8-106 所示。

❷ 选中轨道放大照片，使画面中完整显示 3 张照片即可，如图 8-107 所示。

❸ 将剩余两段素材以同样的方式导入画面内，并调整其大小位置，最终效果如图 8-108 所示。

图 8-106        图 8-107        图 8-108

❹ 点击下方"编辑"中的"裁剪"选项，使3个画面分为上、中、下3个区域铺满画面，如图8-109所示。

❺ 接下来选中第一条轨道，在其开头和结尾位置打上关键帧，制作其由左向右移动的效果，如图8-110所示。

❻ 为了区分画面效果，在其他两条轨道上分别为其打上由右向左的关键帧，最终效果如图8-111所示。

❼ 最后为视频添加合适的背景音乐，在"音频"—"音乐"中搜索歌曲"后来"添加至轨道内，并截取合适的片段，如图8-112所示。

图8-109

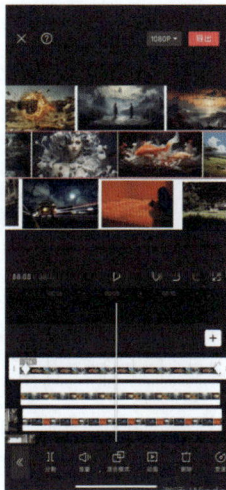
图8-110

图8-111

图8-112

# 第 9 章

# 爆款视频的剪辑"套路"

无论是剪映手机版还是专业版，甚至是更专业的剪辑软件，比如Adobe Premiere，它们都只是剪辑的工具而已。学会使用这些软件，并不代表学会了剪辑。对于剪辑而言，在处理视频时的思路往往更为重要。本章将介绍剪辑时常用的、不同类别短视频的后期制作思路。

# 9.1　短视频剪辑的4个基本思路

## 信息密度一定要大

一条短视频的时长通常只有十几秒，甚至几秒，为了能够在很短的时间内迅速抓住观众，并且讲清楚一件事，就需要视频的信息密度很大。

所谓信息密度，可以简单理解为画面内容变化的速度。如果画面的变化速度相对较快，在某种程度上，观众就可以不断获得新的信息，从而能在很短的时间内，了解一个完整的故事。

由于信息密度大的视频不会给观众太多思考的时间，所以有利于保持观众对视频的兴趣，对于提高视频"完播率"也非常有帮助。

## 相互衔接的视频片段要有变化

一段完整的视频通常是由几个视频片段组成的。当这些视频片段的顺序不太重要时，就可以根据其差异性来确定不同片段的衔接关系。通常而言，景别、色彩、画面风格等方面相差较大的视频片段适合衔接在一起。因为这种跨度大的画面会让观众无法预判下一个场景将会是什么，从而激发其好奇心，吸引其看完整个视频。

值得一提的是，通过"曲线变速"功能营造运镜速度的变化其实也是为了营造差异性。通过慢与快的差异，来让视频效果更多样化。

## 让语音和文字相互匹配

在剪辑有语音的视频时，可以让画面中出现部分需要重点强调的文字，并利用剪映中丰富的字体、花字样式及文字动画效果，让视频更具综艺感。

在剪辑过程中要注意，语音与文字的出现要几乎完全同步，这样才能体现出"压字"的效果，视频的节奏感也会更好。

## 注意控制背景音乐的音量

很多剪辑新手在找到一首非常好听的背景音乐后，总是会将其音量调得比较大，生怕观众听不到这么优美的旋律。但对于视频而言，画面才是最重要的，背景音乐再好听，也只是陪衬。如果因为背景音乐声音太大而影响了画面的表现，就得不偿失了。尤其是用来营造氛围的背景音乐，其音量调整为刚好能听到即可。

## 9.2 "换装"与"换妆"短视频后期制作要点

甩头"换装"与"换妆"类短视频的核心思路在于营造"换装（妆）"前后的强烈对比。

流量变现方式：卖服装或化妆品、广告植入、抖音商品橱窗卖货等。

在"换装（妆）"前，人物的穿搭和装扮要尽量简单，画面的色彩也尽量真实、朴素一些，如图9-1所示。

在"换装（妆）"后，可以通过以下6点营造"换装（妆）"前后的强烈对比，得到图9-2所示效果。

❶ 让"换装（妆）"后的着装及妆容更时尚，更精致。

❷ 使用滤镜营造特殊色彩。

❸ 使用剪映中"梦幻"或"动感"类别中的特效，强化视觉冲击力（如图9-3所示）。

❹ 选择节奏感和力量感更强的背景音乐。

❺ "换装（妆）"前后不使用任何转场特效，从而利用画面的瞬间切换营造强烈的视觉冲击力。

❻ 对"换装（妆）"后的素材进行减速处理，如图9-3所示。

图9-1

图9-2

图9-3

# 9.3 剧情反转类短视频后期制作要点

剧情反转类短视频主要靠情节取胜，视频后期则主要是将多段素材进行剪辑，让故事进展得更紧凑，并将每个镜头的关键信息表达出来。

流量变现方式：卖服装或道具、广告植入、抖音商品橱窗卖货等。

剧情反转类短视频的后期思路主要有以下4点。

❶ 镜头之间不添加任何转场效果，让每个画面的切换都干净利落，将观众的注意力集中在故事情节上。

❷ 语言简练，每个镜头时长尽量控制在3秒以内，通过画面的变化吸引观众不断看下去，如图9-4所示。

❸ 字幕尽量简而精，通过几个字表明画面中的语言内容，并将其放在醒目的位置上，有助于观众在很短时间内了解故事情节，如图9-5所示。

❹ 在故事的结尾，也就是"真相"到来时，可以将画面减速，给观众一个"恍然大悟"的时间，如图9-6所示。

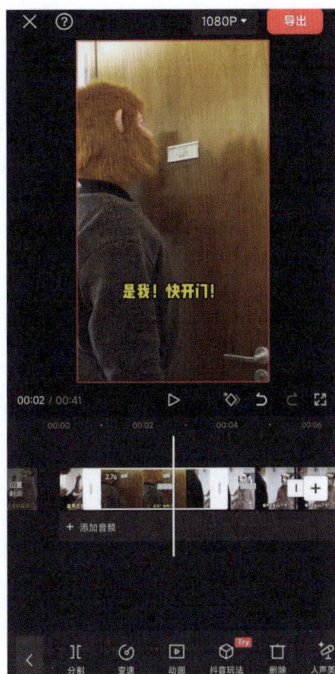

图 9-4

图 9-5

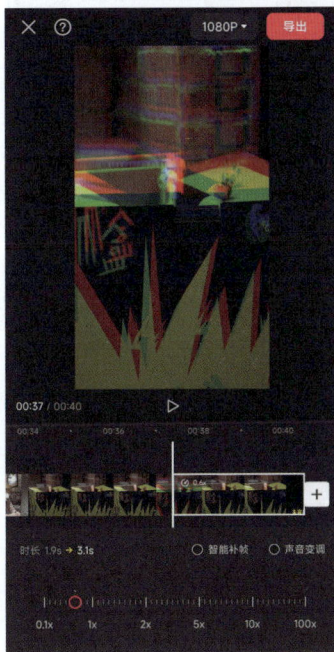

图 9-6

# 9.4 书单类短视频后期制作要点

书单类短视频的重点是要将书籍内容的特点表现出来。由于书中的精彩段落或内容结构单独通过语言表达很难引起观众的注意，这就需要通过后期为视频添加一定的、能起到说明作用的文字。

流量变现方式：卖书、抖音商品橱窗卖货等。

书单类短视频的后期思路主要有以下4点。

❶ 大多数书单类短视频均为横屏录制，然后在后期时再调整为9:16，从而在画面上方和下方留有添加书籍名称和介绍文字的空间，如图9-7所示。

❷ 画面下方的空白可以添加对书籍特色的介绍，并且为文本添加"动画"效果后，可实现在介绍到某部分内容时，相应的文字以动态的方式显示在画面中，如图9-8所示。

❸ 利用文本轨道，还可以确定文字的移出时间，并且同样可以为文字添加出场动画，如图9-9所示。

❹ 书单类短视频的背景音乐应尽量选择舒缓一些的。因为读书本身就是在安静环境下做的事，所以舒缓的音乐可以让观众更有读书的欲望。

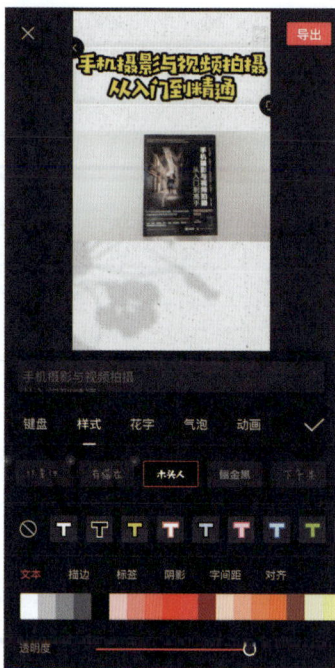

图 9-7

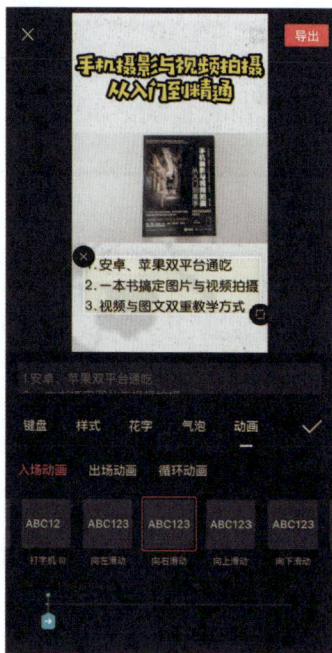

图 9-8

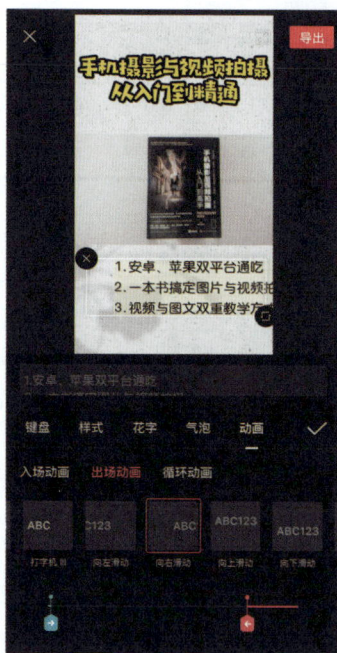

图 9-9

## 9.5　特效类短视频后期制作要点

虽然用剪映做不出科幻大片中的特效，但是当"五毛钱特效"与现实中的普通人同时出现时，也能让日常生活有了一丝梦幻。

流量变现方式：广告植入、抖音商品橱窗卖货等。

特效类短视频的后期思路主要有以下4点。

❶ 首先要能够想象到一些现实生活中不可能出现的场景。当然，模仿科幻电影中的画面是一个不错的方法。

❷ 寻找能够实现想象中场景的素材。比如，想拍出飞天效果的视频，那么就要找到与飞天有关的素材；想当雷神，就要找到雷电素材，等等，如图9-10所示。

❸ 接下来运用剪映中的"画中画"功能，如图9-11所示，为视频加入特效素材。让特效与画面中的人物相结合，就能实现基本的特效画面了。为了让画面更有代入感，人物要做出与特效环境相符的动作或表情。

❹ 为了让人物与特效结合的效果更完美且不穿帮，可以尝试不同的"混合模式"。如果下载的特效素材是"绿幕"或"蓝幕"，则可以利用"色度抠图"功能，随意更换背景，如图9-12所示。

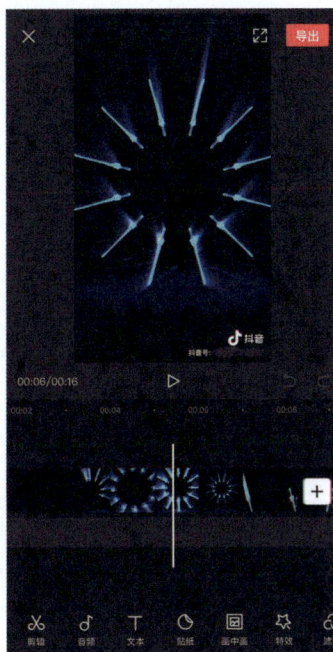

图9-10

图9-11

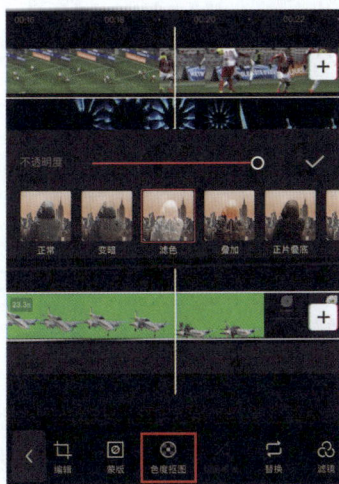

图9-12

## 9.6　开箱类短视频后期制作要点

开箱类短视频之所以会吸引观众的眼球，主要是利用了观众的"好奇心"，所以大多数比较火的开箱类短视频都属于"盲盒"或者"随机包裹"一类。甚至那些评测类的视频大多亦会包含"开箱"过程，也是利用"好奇心"让观众对后面的内容有所期待。

流量变现方式：广告植入、商品橱窗卖货等。

为了能够充分调动起观众的好奇心，开箱类短视频的后期思路主要有以下5点。

❶ 在开箱前利用简短的文字介绍开箱物品的类别，当作视频封面。比如手办或者鞋、包等，但不说明具体款式，起到引起观众好奇心的目的，如图9-13所示。

❷ 未开箱的包裹一定要出现在画面中，甚至可以多次出现，充分调动观众对包裹内物品的期待与好奇。

❸ 用小刀划开包装箱的画面建议完整保留在视频中，甚至可以适当降低播放速度，如图9-14所示。

❹ 包装箱打开后，从箱子中拿物品到将物品展示在观众眼前的过程可以剪辑为两个镜头。第一个镜头为慢慢地拿物品，而第二个镜头则为直接展示物品，实现一定的视觉冲击力。

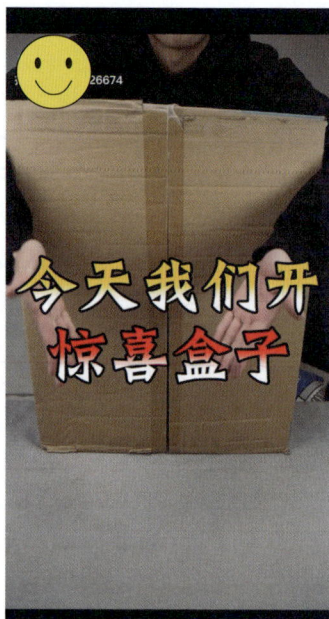

图9-13

❺ 视频最后，加入对物品的全方位展示及适当讲解，时长最好占据整个视频的一半，从而给观众充分的时间来释放之前积压的好奇心，如图9-15所示。

图9-14

图9-15

# 9.7 美食类短视频后期制作要点

美食类短视频的重点是要清晰表现出烹饪的整个流程，并且拍出美食的"色、香、味"。因此对美食类短视频的后期，在介绍佳肴所需的原材料和调味品时，要注意画面切换的节奏；而在菜肴端上餐桌时，则要注意画面的色彩。

流量变现方式：调味品广告、食材广告植入、商品橱窗售卖食品等。

为了能够清晰表现烹饪流程，并呈现出菜肴最诱人的一面，后期思路主要有以下4点。

❶ 在介绍所需调料或者食材时，尽量简短，并通过"分割"工具，让每种食材出现的时长基本一致，从而呈现一种节奏感，如图9-16所示。

❷ 为了让每一个步骤都能清晰明了，需要在画面中加上简短的文字，介绍所加调料或烹饪时间等关键信息，如图9-17所示。

❸ 通过剪映中的"调节"功能，可以增加画面的色彩饱和度，从而让菜肴的色彩更浓郁，激发观众的食欲。

❹ 美食视频的后期剪辑往往是一个步骤一个画面，所以视频节奏会很紧凑，观众在看完一遍后很难记住所有步骤。因此在最后加入一张文字版烹饪方法的图片，可以令视频更受欢迎，如图9-18所示。

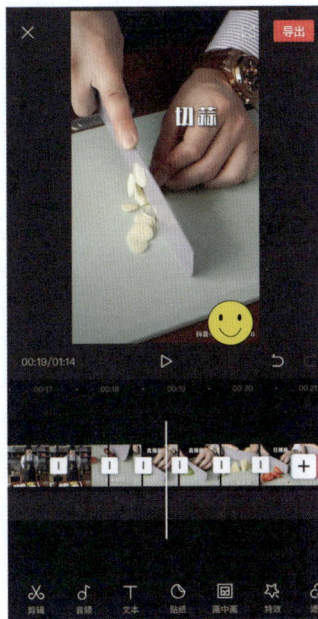

图9-16

图9-17

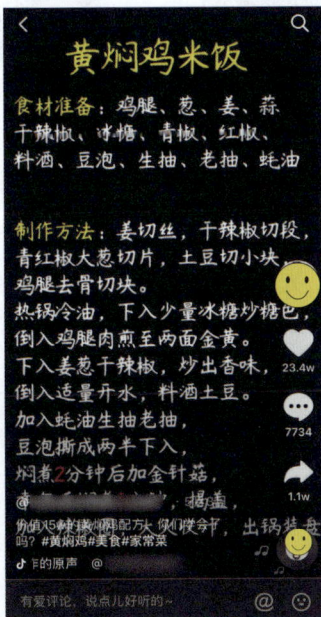

图9-18

# 9.8 混剪类短视频后期制作要点

目前抖音、快手或者其他短视频平台的混剪类短视频主要分为两类。第一类是对电影或剧集进行重新剪辑，用较短的时间让观众了解故事情节；第二类则是确定一个主题，然后从不同的视频、电影或者剧集中寻找与这个主题有关系的片段，将其拼凑在一起。

流量变现方式：广告植入、商品橱窗卖货等。

混剪类短视频的后期思路主要有以下3点。

❶ 在进行影视剧混剪之前，要将各画面的逻辑顺序安排好，尽量只将对情节有重要推进作用的画面剪进视频，并通过"录音功能"加入解说，如图9-19所示。

❷ 因为电影或电视剧都是横屏的，而抖音和快手上的短视频大多都是竖屏观看，所以建议通过"画中画"功能将剪辑好的视频分别在画面上方和下方进行显示，形成图9-20所示的效果。

❸ 对于确定主题的视频混剪，则要通过文字或画面内容的相似性，串联起每个镜头。比如不同影视剧中都出现了主角行走在海边的画面，利用场景的相似性，就可以进行混剪。或者如图9-21所示，通过将展示火壶、冰雕、传统服饰的画面混剪在一起，让观众深切感受中国传统美学的深厚底蕴，契合"中国美学"这一主题。

图9-19

图9-20

图9-21

# 9.9　科普类短视频后期制作要点

目前抖音或快手等短视频平台中比较"火"的科普类短视频主要是提供一些生活中的冷知识，比如"为何有的铁轨要用火烧？"或者"市面上猪蹄那么多，但为何很少见牛蹄呢？"。

虽然不知道这些知识，对于生活也不会产生影响，但毕竟每个人都有猎奇心理，总是忍不住想去了解这些奇怪的知识。

流量变现方式：广告植入、商品橱窗卖货等。

科普类短视频的后期思路主要有以下3点。

❶ 在第一个画面要加入醒目的文字，说明视频要解决什么问题。这个问题是否能够引起观众的好奇与求知欲，是决定着观看量的关键所在，如图9-22所示。

❷ 科普类短视频中需要包含多少个镜头，主要取决于需要多少文字才能够解释清楚这个问题，因此，后期剪辑思路与给文章配图的思路是基本相同的。为了让画面不断发生变化，吸引观众继续观看，一般两句话左右就要切换一个画面，如图9-23所示。

❸ 为了让科普类短视频能够让大部分人都能看懂，也可以加入一些动画演示，让内容更亲民，自然就会有更多的人观看，如图9-24所示。

图9-22

图9-23

图9-24

# 9.10  文字类短视频后期制作要点

文字类短视频除了文字内容之外，其余所有画面效果均是靠后期呈现的。此种视频的优势在于制作成本比较低，不需要实拍画面，只需把要讲的内容通过动态文字的方式表现出来就可以了。

流量变现方式：广告植入、商品橱窗卖货等。

文字类短视频的后期思路主要有以下5点。

❶ 为了让文字视频更生动，并吸引观众一直看下去，文字的大小和色彩均要有所变化。在后期排版时，不求整齐，只求多变，如图9-25所示。

❷ 使用剪映制作此类视频时，通常需要在"素材库"中选择"黑场"或"白场"，也就是选择视频背景颜色，如图9-26所示。

❸ 由于在建立"黑场"或"白场"后，均默认为横屏显示，所以需要手动设置比例为9:16后，再旋转一下，形成图9-27所示的竖屏画面，方便在抖音、快手等平台观看。

❹ 在利用文本工具输入大小、色彩不同的文字后，记得为各段文字添加动画效果，让文字视频更具观赏性，如图9-28所示。

❺ 文字的出现频率要与背景音乐的节奏一致，利用剪映的"踩点"功能即可确定每段文字的出现时间。

图9-25

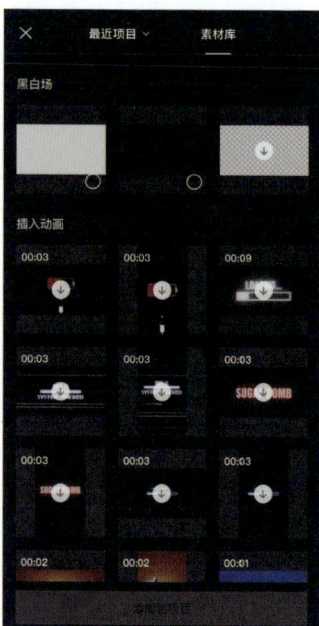

图9-26

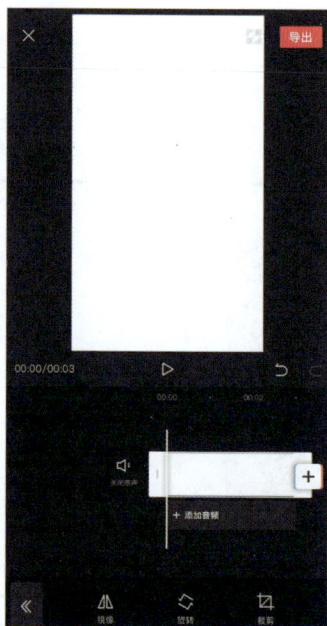

图9-27

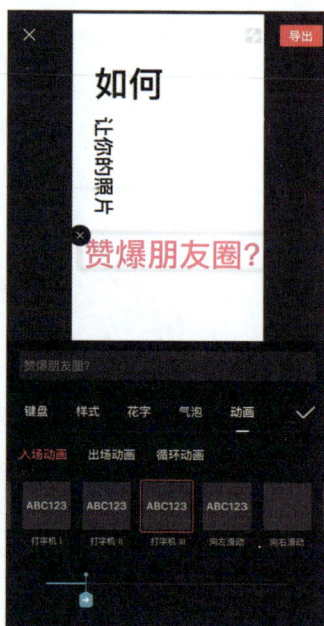

图9-28

# 9.11  宠物类短视频后期制作要点

抖音和快手中的高赞宠物类短视频主要分为两类，一类是表现经过训练后的宠物的听话懂事、通人性；另外一类则是记录宠物萌萌的或有趣的一刻。

流量变现方式：售卖宠物相关用品等。

宠物类短视频的后期思路主要有以下3点。

❶ 将宠物拟人化是宠物视频常用的方法，所以要通过后期加入一些文字，配合其动作，来表现出宠物能听懂人话的感觉，如图9-29所示。

❷ 对于一些表现宠物搞笑的视频，还可以利用文字来指明画面的重点。另外，选一个"可爱"的字体，也可以令画面显得更萌，如图9-30所示。

❸ 对于猫咪一些习惯性动作，可以发挥想象力，给予其另外一种解释。比如猫咪"踩奶"的行为，其实来源于猫咪幼年喝奶时，通过爪子来回抓按母猫乳房刺激乳汁分泌，以喝到更多的奶水。而在长大后，这种习惯依旧被保留下来了，是其心情愉悦、有安全感的表现。将"踩奶"行为描述为"按摩"，则可以令宠物视频更生动，如图9-31所示。

图9-29

图9-30

图9-31

# 第 10 章

# 火爆抖音的后期效果
# 实操案例

# 10.1  动态朋友圈九宫格效果制作

朋友圈中展示的图片都是静态的，而在本案例中，却可以做出动态的朋友圈画面。它的基本思路是，先利用图片制作一段视频，然后将该视频与朋友圈九宫格素材图片进行合成。制作这个效果主要运用了剪映的"特效""画中画""混合模式""蒙版"等功能。

## 步骤一： 准备视频素材

首先要准备好朋友圈九宫格素材，具体方法如下。

❶ 打开微信朋友圈，点击如图 10-1 红框所示的封面区域，然后选择"换封面"。

❷ 点击"从手机相册选择"选项，从中选择一张"纯黑"的图片，如图 10-2 所示。纯黑图片可以通过将手机镜头贴住某个黑色物品，比如黑色鼠标垫或黑色键盘等，然后降低曝光补偿拍摄得到。

❸ 发布一条朋友圈，图片选择为 9 张纯黑照片。文案写一些与接下来要制作的动态画面相关的内容即可。虽然这条朋友圈在发完之后可以立即删除，但如果依然介意朋友们看到 9 张纯黑照片的话，可以通过设置"修改可见范围"进行调整，如图 10-3 所示。

❹ 进入朋友圈界面，对自己刚刚发布的朋友圈截屏，如图 10-4 所示。截屏后将该条朋友圈删除即可。

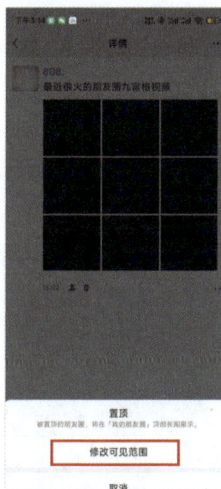

| 图 10-1 | 图 10-2 | 图 10-3 | 图 10-4 |

**小提示：** 在拍摄纯黑的照片时，不一定非要拍黑色的物品，其实将任何不透光的物品紧紧贴在手机镜头上，并降低曝光补偿，都能拍出纯黑的照片。另外，截屏时尽量不要截到其他人发的朋友圈，画面中只有自己的封面、头像和刚发的 9 张纯黑照片即可。

## 步骤二：利用特效制作动态效果

接下来进入剪映，将准备在朋友圈中展示的静态图片制作为动态效果，具体方法如下。

❶ 将图片素材导入剪映，点击界面下方的"比例"选项，并调整为"1:1"，然后放大图片至铺满整个画面，如图10-5所示。

❷ 将轨道上的图片素材适当拉长一些，然后在中间的任意一个位置进行"分割"，如图10-6所示。此步骤的目的是将素材变为两段，从而分别对这两段素材进行后期处理，以实现不同的效果。

❸ 点击界面下方的"特效"选项，点击"画面特效"，在打开的界面中搜索"模糊"效果，将其应用在第一段素材之上，如图10-7所示。

❹ 将第1段图片素材的时长调节至3秒左右，并将"模糊"特效的首尾与第1段图片素材的首尾对齐，如图10-8所示。

❺ 点击界面下方的"贴纸"选项，搜索"加载中"样式的贴纸，选择合适的贴纸添加，如图10-9所示。

❻ 将贴纸轨道与第1段图片素材的首尾对齐，从而营造出视频正在加载画面的既视感，如图10-10所示。

❼ 点击界面下方的"特效"选项，搜索添加"画面特效"分类下的"金粉撒落"特效和"水波纹"特效，如图10-11所示。

❽ 两种特效轨道均覆盖第2段图片素材，覆盖范围如图10-12所示。

❾ 依次点击界面下方的"音频"和"音乐"选项，添加"浪漫"分类下的"lost in you"这段音乐，如图10-13所示。

❿ 选中音频轨道，点击界面下方的"节拍"选项，手动添加作为画面转换时刻的节拍点，如图10-14所示。

⓫ 选中第1段视频，将其末尾与节拍点对齐，再相应地将覆盖第1段轨道的贴纸和特效均对齐节拍点，如图10-15所示。然后将音乐末尾与视频末尾对齐，并导出该视频。

|  |  |  |  |
|---|---|---|---|
| 图10-5 | 图10-6 | 图10-7 | 图10-8 |

图 10-9

图 10-10

图 10-11

图 10-12

图 10-13

图 10-14

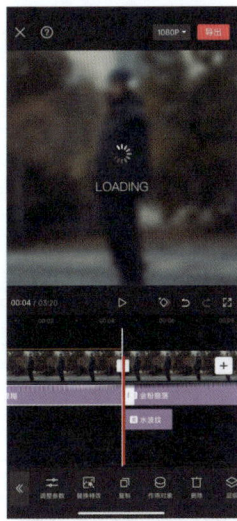

图 10-15

## 步骤三：将动态画面与九宫格素材合成

准备好动态画面素材和九宫格素材之后，将其合成在一起，就能够制作出动态朋友圈九宫格视频了。具体方法如下所述。

❶ 将之前准备好的朋友圈九宫格素材导入剪映，如图 10-16 所示。

❷ 依次点击界面下方的"画中画"和"新增画中画"，将刚做好的动态视频导入剪映，如图 10-17 所示。

❸ 选中画中画轨道素材，调整其画面的位置和大小，使其刚好覆盖九宫格区域，如图 10-18 所示。

图 10-16

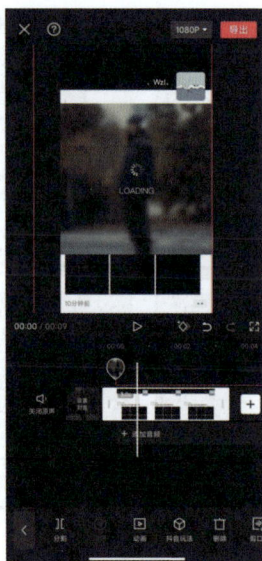
图 10-17

图 10-18

❹ 点击界面下方的"混合模式"选项，选择"滤色"模式，此时九宫格既视感就实现了，如图 10-19 所示。

❺ 接下来再导入一张照片，将其作为九宫格的封面，如图 10-20 所示。

❻ 选中该素材，调节其大小和位置，使其刚好覆盖上方的黑色区域，如图 10-21 所示。

图 10-19

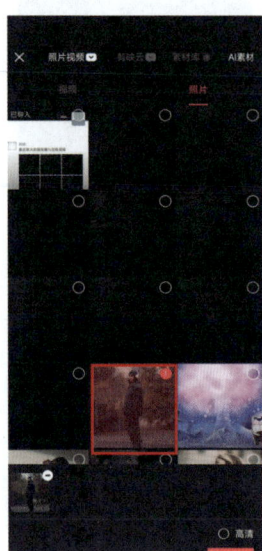
图 10-20

图 10-21

❼ 依旧点击界面下方的"混合模式"，并选择"滤色"，使"头像"显示出来，如图 10-22 所示。

❽ 但此时会发现头像的显示并不正常，所以需要通过"蒙版"让头像不受上方画面所在图层的影响。点击界面下方的"蒙版"选项，选择"矩形"蒙版，并点击界面左下角的"反转"选项。然后调整蒙版的位置和大小，使其刚好框住头像区域，如图10-23所示。

❾ 最后，将九宫格素材轨道和作为朋友圈封面的图片轨道拉长至与动态画面轨道末尾对齐，如图10-24所示。

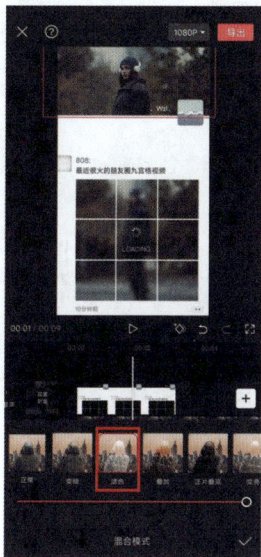
图10-22

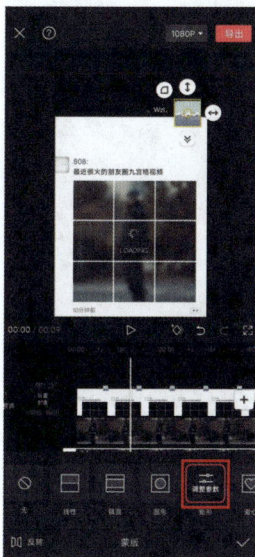
图10-23

图10-24

**小提示：** 在调节"蒙版"位置使其正好将"头像"框住时，点击蒙版左上角的 ⊙ 图标，即可形成圆角。

# 10.2　素描画像渐变效果制作

本案例计划实现画面中逐渐出现人物的素描画像，再从素描画像逐渐变化为真实的人物照片的效果。制作该效果主要使用到剪映中的"画中画""滤镜""混合模式""特效"等功能，主要看点在于前半部分素描画像的形成，以及转变为真实人物照片带来的画面变化。

## 步骤一：制作素描效果

准备一张人像照片，再准备一个素描素材，就可以制作出画出素描人像的效果了。具体方法如下。

❶ 将素描素材和人像照片素材依次导入剪映，并点击界面下方的"比例"选项，将其设置为9∶16，如图10-25所示。

❷ 调整素材大小，使其填充整个画面，并且尽量保证构图美观，如图10-26所示。

❸ 选中人物照片素材，点击界面下方的"复制"选项，如图10-27所示。

图10-25

图10-26

图10-27

❹ 选中刚复制的图片素材，并点击界面下方的"切画中画"选项，如图10-28所示，从而将该片段切换到画中画图层。

❺ 长按画中画轨道，将其开头与视频开头对齐，末尾与素描素材末尾对齐，如图10-29所示。

❻ 选中画中画轨道素材，点击界面下方的"滤镜"选项，如图10-30所示。

图10-28

图10-29

图10-30

❼ 选择"黑白"分类下的"褪色"选项，如图 10-31 所示。

❽ 依旧选中画中画轨道素材，点击界面下方的"混合模式"选项，选择"滤色"模式，此时就实现了素描效果，如图 10-32 所示。

❾ 为了让素描效果更明显，选中画中画轨道素材后，点击界面下方的"调节"选项，将"对比度"拉到最高，如图 10-33 所示。

图 10-31

图 10-32

图 10-33

## 步骤二：制作从素描变化为人像照片的效果

素描效果实现后，则需要制作出其逐渐变化为人像照片的效果。具体方法如下所述。

❶ 在素描画面中，画架下方也出现了部分素描效果，严重影响画面美感，因此需要选中画中画素材轨道，并点击界面下方的"蒙版"选项，添加"线性"蒙版，让素描效果只出现在"画框"内，如图 10-34 所示。

❷ 点击素描画面片段与真实照片片段之间的 ▯ 图标，设置转场效果，如图 10-35 所示。

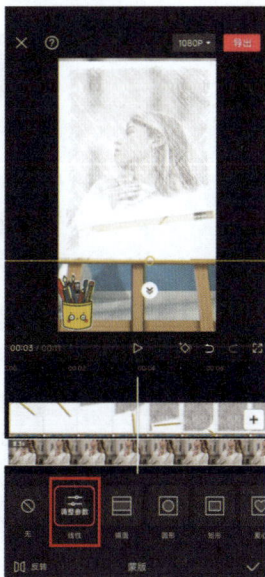
图 10-34

图 10-35

❸ 选择"叠化"转场分类下的"色彩溶解"效果，并将转场时长调节至1.5秒，如图10-36所示。

❹ 加入转场效果后，将画中画素材轨道末尾与转场效果开始时刻对齐，如图10-37所示。

❺ 点击界面下方的"特效"选项，添加"画面特效"—"氛围"—"星河Ⅱ"效果，如图10-38所示。

图 10-36

图 10-37

图 10-38

## 步骤三：添加背景音乐确定各轨道位置

最后为视频添加合适的背景音乐，并在确定音频长度后，以此为基准调节各轨道位置。具体方法如下所述。

❶ 依次点击界面下方"音频"和"音乐"选项，选择"浪漫"分类下的"给你一瓶魔法药水"作为背景音乐，如图10-39所示。

❷ 由于本案例中使用的素描素材本身带有音乐，所以先选中该素材片段，点击界面下方的"音量"选项，如图10-40所示。

❸ 将音量设置为"0"，或者点击时间线最左侧的"关闭原声"选项，即可使用自己添加的背景音乐，如图10-41所示。

图 10-39

图 10-40

❹ 为了让视频较为完整，最好在一句歌词唱完后结束，将时间轴移动到该位置，点击界面下方的"分割"选项，选中后半段，点击"删除"，如图10-42所示。确定了背景音乐的长度，也就确定了整个视频的长度。

❺ 选中主视频轨道的照片素材，并拖动其右侧白框，使其长度比音频长一点，以防止出现黑屏情况，如图10-43所示。

图10-41

图10-42

图10-43

❻ 点击界面下方的"特效"选项，选中特效轨道，将其末尾与视频末尾对齐，如图10-44所示。

❼ 选中音频轨道，点击界面下方的"淡化"选项，如图10-45所示。

❽ 将淡入与淡出时长均设置为1秒左右，从而让视频的开始与结束都更加自然，如图10-46所示。

图10-44

图10-45

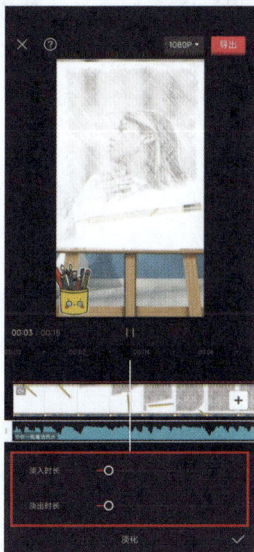
图10-46

# 10.3 "文字穿越"效果制作

本案例将模拟制作"文字从建筑物穿越"的效果，以增加画面的立体空间感及透视感。本案例主要通过"蒙版"功能控制画面的显示范围来达到此效果。具体方法如下所述。

## 步骤一：文字素材准备

❶ 提前准备好文字素材，因为"蒙版"效果无法单独作用于文本轨道，所以需要结合之前学习过的"新建复合片段"功能，将文字制作为独立素材，如图10-47所示。

如果使用手机制作，则可以添加黑场素材，输入调整文字，并在其开头结尾的位置打上由左往右的关键帧，点击右上角"导出"即可，如图10-48所示。

❷ 以手机操作为例，首先导入视频素材，接着点击"新增画中画"，将黑场文字素材导入画中画中，如图10-49所示。

❸ 点击下方"混合模式"选项，选择"滤色"模式，去除文字黑色背景，如图10-50所示。

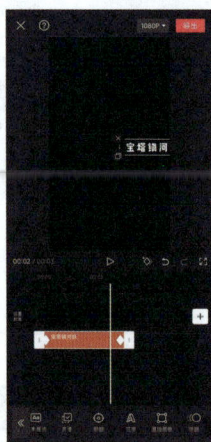

图10-47　　　　　　图10-48　　　　　　图10-49　　　　　　图10-50

## 步骤二：制作蒙版遮挡效果

❶ 选中画中画轨道，点击"蒙版"选项，如图10-51所示。

❷ 选择"线性"蒙版。调整其位置，使其刚好与塔身左侧边缘重叠。拖动时间轴查看效果，当文字经过塔身时"消失不见"，这样其中一侧的文字效果便完成了，如图10-52所示。

❸ 再次点击"新建画中画"，重复之前的步骤一，将其与第一个画中画轨道对齐，如图10-53所示。

❹ 选中第2段画中画轨道，调整其位置，使其与塔身右侧边缘重叠，如图10-54所示。

图 10-51

图 10-52

图 10-53

图 10-54

## 步骤三：利用"抠图"达到通用遮挡效果

❶ 导入视频轨道，重复使用"蒙版"之前的操作步骤，在调整完比例以及画面大小之后，点击工具栏中的"复制"选项，复制同样的素材备用，如图 10-55 所示。

❷ 之后点击界面下方的"抠像"中的"自定义抠像"选项，使用"快速画笔"工具得到画面主体部分，如图 10-56 所示。

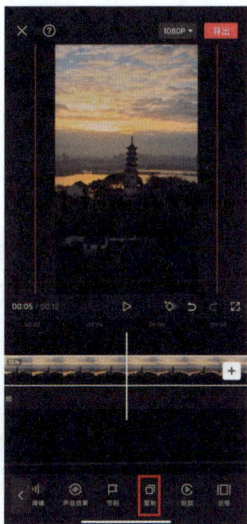
图 10-55

图 10-56

❸ 导入之前保存的黑场文字素材，点击"切画中画"，点击"混合模式"下的"滤色"，最终效果如图 10-57 所示。

❹ 再次点击"切画中画"，将"抠像"之后的素材切换到画中画轨道中，调整其位置，使其位于文字素材轨道的下一层级，如图 10-58 所示。

两种方法最终得到的效果大致相同，但因为剪映"蒙版"的自定义功能不够完善，所以在处理一些边缘较为齐整的素材时，可以直接使用"线性"蒙版；在处理边缘形状较为复杂的图形时建议使用"抠像"功能来进行处理。

图 10-57　　　　　　　　　　图 10-58

## 步骤四：对视频进行润饰

　　"义字穿越"效果虽然已经实现，但从整体未看，视频依然显得较为平常，所以需要利用工具对画面进行润饰。具体方法如下所述。

❶ 点击界面右侧的 ⊞ 按钮，从素材库中添加黑场素材，如图 10-59 所示。

❷ 选中该素材，点击"切画中画"将其切入画中画轨道，如图 10-60 所示。

❸ 调整其大小位置，使其覆盖遮挡住画面上方，如图 10-61 所示。点击工具栏中的"复制"得到相同大小的黑场，将其与前一黑场对齐，这样便得到整个画面都被遮挡的效果。

❹ 将其时间长度调整至 1 秒，并为其分别打上向上以及向下的关键帧，最终效果如图 10-62 所示。

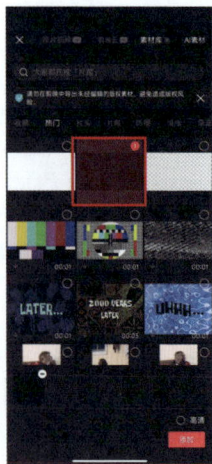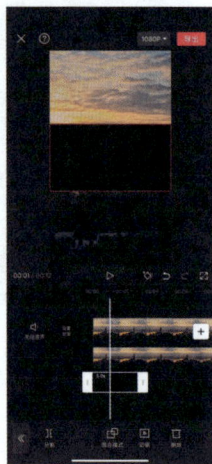

图 10-59　　　　　　　　图 10-60　　　　　　　　图 10-61　　　　　　　　图 10-62

❺ 为其添加合适的"滤镜"。在"滤镜"选择中，选择其"风格化"分类中的"清明上河"滤镜效果，如图10-63所示。

❻ 通过"滤镜"的添加，给画面带来画布的纹理感，这时选择"贴纸"工具，搜索"古诗词"，对留白处进行修饰，如图10-64所示。

图10-63

图10-64

## 步骤五：为视频进行"音画搭配"

❶ 此时画面效果基本完成，接下来为视频添加合适的背景音乐，点击"音频"，再点击"音乐"，在搜索框中搜索"江南"，如图10-65所示。

❷ 选中该音频素材，试听之后，点击下方"分割"，保留其高潮部分，如图10-66所示。

❸ 点击下方"节拍"选项，点击"添加点"，手动选择节拍点，如图10-67所示。

❹ 点击下方"贴纸"工具，调整其"入场动画"时长，并将其与节拍点对齐，最终效果如图10-68所示。

图10-65

图10-66

图10-67

图10-68

# 10.4　综艺感人物出场效果制作

本案例将通过"定格""智能抠像""画中画""滤镜"等功能制作出很有综艺感的人物出场效果。为了实现该效果，建议准备的人物视频素材尽量具有简洁的背景且人物轮廓清晰，从而让剪映的"智能抠像"功能可以准确抠出画面中的人物。

## 步骤一：确定背景音乐并实现人物定格效果

在本案例中，人物出场会伴随着明显的画面变化，为了让这种变化更有节奏感，需要卡住音乐的节拍点。具体方法如下所述。

❶ 导入视频素材，依次点击界面下方的"音频"和"音乐"选项，选择"Do It"作为背景音乐，如图 10-69 所示。

❷ 选中音频轨道后，点击界面下方的"节拍"选项，打开"自动踩点"功能，调整节拍强度。因为本案例不需要很密的节拍点，所以将其设为慢速踩点，进行音乐试听，如图 10-70 所示。

❸ 经过试听调整确定节拍点的正确位置，删掉不准确的节拍点，然后点击界面下方的"＋添加点"选项，手动增加节拍点，如图 10-71 所示。

图 10-69

图 10-70

图 10-71

> **小提示：** 剪映中提供的大部分音乐都有"自动踩点"功能，但在使用过程中，会有一些音乐的自动踩点并不准确。这就需要在自动添加节拍点后试听一下，检验其是否准确。如果不准确，则需要进行手动调整，以避免根据错误的节拍点编辑片段时长。

❹ 移动时间轴，找到人物姿态、表情出色的时间点，并点击界面下方的"定格"选项，生成定格画面，如图10-72所示。

❺ 选中定格画面之后的片段，将其删除即可，如图10-73所示。

❻ 选中定格画面之前的片段，拖动其左侧的白框，使该片段与定格画面的衔接处和节拍点对齐，如图10-74所示。

图10-72

图10-73

图10-74

## 步骤二：营造色彩对比并抠出画面中的人物

接下来需要营造出定格画面与之前动态画面的反差，从而突出画面中的人物。具体方法如下所述。

❶ 选中定格画面并点击界面下方的"复制"选项，如图10-75所示。

❷ 接下米将复制出的定格画面切到画中画轨道，这样，在对画中画轨道进行后期处理时，背景轨道依然能保留所需要的场景元素，如图10-76所示。

❸ 长按画中画轨道中的定格画面，使其首尾与主视频轨道上的定格画面的首尾对齐，如图10-77所示。

> **小提示：** 如果剪映中没有添加任何画中画，选择主视频轨道的素材时，点击"切画中画"会提示"至少保留一段视频"，这是因为剪映手机端必须保持"视频轨道"有影像片段，只有在轨道上有两段及以上素材的时候才能使用"切画中画"功能。另外，如果使用"剪映云"功能将电脑端剪辑草稿同步至手机端，也需要保证视频底层轨道有视频素材，否则不能在手机端打开。

图10-75

图10-76

图10-77

❹ 选中主视频轨道的定格画面，点击界面下方的"滤镜"选项，为其添加"黑白"分类下的"古罗马"效果，如图10-78所示。

❺ 选中画中画轨道的定格画面，并点击界面下方的"智能抠像"选项，此时画面背景变为保留"古罗马"效果，而人物依然为彩色的，如图10-79所示。

❻ 选中画中画轨道素材，将时间轴移动到该片段开头位置，点击 ◇ 图标，打上一个关键帧，如图10-80所示。

❼ 移动时间轴至画中画轨道素材中间偏后的位置，并选中该素材，将画面中的人物适当放大，最好可以遮住背景处的黑白人物，如图10-81所示。此时剪映会自动在放大人物画面的地方打上一个关键帧。

图10-78

图10-79

图10-80

图10-81

## 步骤三：输入介绍文字并强化视频效果

人物定格后，需要在画面中显示该人物的相关信息，所以需要添加文字。另外，为了让视频效果更出彩，需要利用"动画"及"特效"进行修饰。具体方法如下所述。

❶ 依次点击界面下方的"文字"和"新建文本"选项，输入介绍性文字，如图10-82所示。

❷ 选中文字后，点击界面下方的"样式"选项，设置字体为"古印宋"，再点击"样式"下方的"排列"选项，适当增加"字间距"，如图10-83所示。

❸ 确定文字的大小和位置，并调整文本轨道的首尾，使其与定格画面首尾对齐，如图10-84所示。

  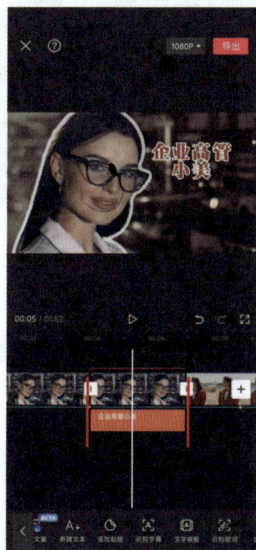

图10-82        图10-83        图10-84

❹ 选中文本轨道，点击界面下方的"动画"选项，为其添加"入场"动画中的"水墨晕开"效果，如图10-85所示。

❺ 选中画中画轨道，点击界面下方的"动画"选项，为其添加"入场动画"中的"轻微抖动Ⅱ"效果，并适当增加动画时长，如图10-86所示。

❻ 点击界面下方的"特效"选项，搜索其中的"光线扫描"效果，如图10-87所示。

❼ 调整特效轨道的位置，使其首尾与定格画面首尾分别对齐，如图10-88所示。

❽ 至此，一个综艺感的人物出场效果就制作完成了。接下来重复以上步骤，将另外2个人物素材也处理为类似的效果。

---

**小提示：** 在抠图环节中，如果所得"人像"边缘不清晰，可以为其添加"抠像描边"效果，如图10-84之后的图片所示。另外，在制作另外2个人的出场效果时，文字及画中画轨道素材的动画可以有所变化，从而让效果更丰富。但"特效"则建议均选择"光线扫描"的效果，让几个人物的出场在不同中又有一定的统一性。

图 10-85

图 10-86

图 10-87

图 10-88

# 10.5　俄罗斯方块变身效果制作

本案例将通过绿幕素材形成俄罗斯方块逐渐拼出漫画人物的效果，并且在拼出完整的人物后，再由真人变为漫画照片。整个视频虽然时间不长，但始终保持着一定的陌生感，可以对观众形成一定的吸引力。而且方块绿幕素材自带动画效果，任何画面都可以制作出类似效果。

## 步骤一：利用绿幕素材实现方块动画效果

将俄罗斯方块绿幕素材与准备好的照片素材进行合成，即可实现相应的动画效果。具体方法如下所述。

❶ 将照片素材导入剪映，点击界面下方的"比例"选项，设置为"1:1"，并适当放大图片，使其充满整个画布，同时还要注意画面构图，尽量让画面美观，如图 10-89 所示。

❷ 依次点击界面下方的"画中画"和"新增画中画"选项，将绿幕素材添加至剪映，如图 10-90 所示。

图 10-89

图 10-90

❸ 将绿幕素材放大，使其刚好充满整个画面，如图10-91所示。

❹ 移动时间轴至俄罗斯方块充满整个画面的时间点，并保持时间轴位置不变。选中主视频轨道，并点击主视频轨道上的"白色方块"，拖动白色方块使其与"画中画"绿幕素材轨道对齐，如图10-92所示。

❺ 选中绿幕素材，点击工具栏中"抠图"选项中的"色度抠图"选项，如图10-93所示。

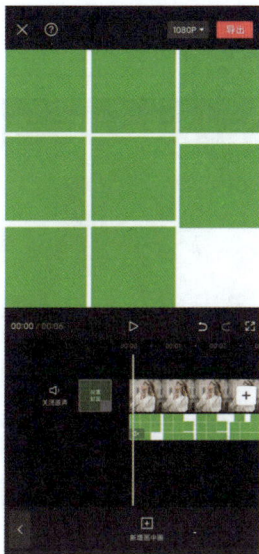

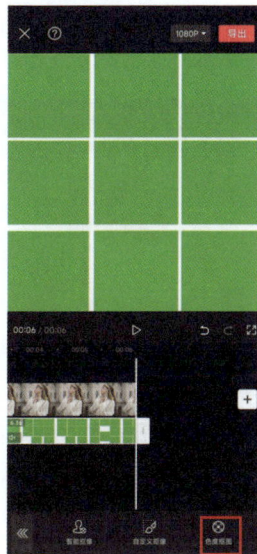

|  图10-91 | 图10-92 | 图10-93 |

❻ 取色器选择绿色部分，如图10-94所示。

❼ 然后选择"强度"选项，直接将滑动条拉动至最右侧，如图10-95所示。

❽ 选择"阴影"选项，略微提高一点阴影参数值，让方块边界过渡更平滑，如图10-96所示。

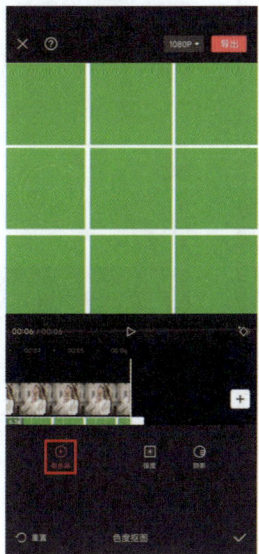

|  图10-94 | 图10-95 | 图10-96 |

## 步骤二：实现从真人图片变化为漫画人物照片的效果

接下来制作方块停止转动，并逐渐拼成一张真人图片，再变化为漫画照片的效果。具体方法如下所述。

❶ 选中人物照片素材，点击界面下方的"画面特效"选项，搜索"彩色漫画"效果，如图10-97所示。

❷ 选择"彩色漫画"效果之后，画面中的人物即变成漫画风格，如图10-98所示。

❸ 选中特效轨道，点击界面下方的"调整参数"选项，降低其"滤镜""纹理"参数值，如图10-99所示。

图10-97

图10-98

图10-99

❹ 选中彩色漫画轨道，调整其轨道位置，将其与画面中心最后一块方块出现时间对齐，并打上关键帧，将其参数值调整为"0"，如图10-100所示。

❺ 在方块运动结束位置添加关键帧，增大画面参数，使其与原参数相近，这样便得到一个"彩色漫画"的形成过程，图10-101所示。

图10-100

图10-101

⑥ 点击界面下方的"特效"选项，添加"热门"分类下的"星火炸开"效果，如图10-102所示。

⑦ 为了使视频效果更突出，点击主轨道时间轴上的"小白块"向后拖动延长1秒，将特效素材全部对齐，如图10-103所示。

图10-102　　　　　　　　图10-103

## 步骤三：加入背景音乐并确定轨道在时间线中的位置

为了让变身的瞬间正好位于音乐的节拍点上，所以添加背景音乐后，才能确定各个轨道的具体位置。具体方法如下所述。

❶ 依次点击界面下方的"音频"和"音乐"选项，选择"浪漫"分类下的"爱人错过"作为背景音乐，如图10-104所示。

❷ 通过试听，对背景音乐进行"掐头去尾"，只保留需要使用的部分，如图10-105所示。

❸ 选中音频轨道，点击界面下方的"节拍"选项，手动为其添加变身时的节拍点，如图10-106所示。

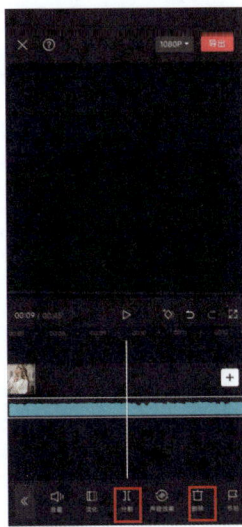

图10-104　　　　　　图10-105　　　　　　图10-106

❹ 为使方块素材动画中最后一块出现在画面的时间与节拍点（也就是变身时刻）刚好同步，可以对素材进行加速或降速处理。也可以从绿幕素材开始的一端进行裁剪，这样就无须再进行变速的操作，如图10-107所示。

❺ 接下来调整主视频人物轨道的部分，使人物变身效果与节拍点对齐，如图10-108所示。

❻ 点击界面下方的"特效"选项，将两个特效的首尾分别与转场末端和视频末端对齐。需要注意的是，在其中一个特效轨道的开头位置应用了关键帧，所以裁剪时可以从后方往前裁剪，如图10-109所示。

❼ 最后添加一个贴纸效果，让变身后的画面更丰富。点击界面下方的"贴纸"选项，添加"复古"分类下的贴纸，如图10-110所示。贴纸轨道的位置与上述特效轨道位置相同。

图10-107

图10-108

图10-109

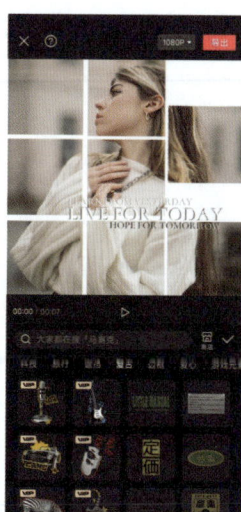
图10-110

# 第 11 章

# 用好 AI 技术让剪辑事半功倍

# 11.1 AI功能与剪映结合

2023年以来，ChatGPT、Midjourney、Kimi AI等人工智能软件开始提供知识问答、自动绘画等一系列功能。在最新版的剪映软件中，除了AI绘画转场功能，剪映还提供了诸如"文字成片""智能文案""数字人""AI商品图""智能剪口播"等一系列功能。AI与剪辑软件相结合将使剪辑更加高效、精确和新颖。创作者将能够更好地集中精力投入创意和审美方面的工作，为观众提供更好的观看体验。

## 智能剪辑助手——文字成片

"文字成片"功能可以仅提供文案，即可由剪映AI工具根据文本中对关键词的描述，自动生成画面、配音及字幕。这使得即使没有专业视频编辑经验的人，也能够通过"文字成片"功能进行视频创作。

结合Kimi AI与剪映"文字成片"功能快速完成视频创作，具体方法如下所述。

❶ 进入Kimi AI界面，在文本框内提供关键词，让Kimi AI生成故事。如图11-1所示，输入"如何将我家猫偷吃鱼描绘成一个故事"，等待AI给出答案。

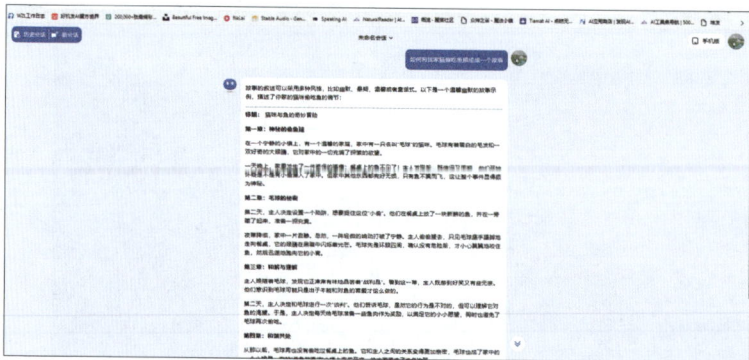

图 11-1

❷ 在剪映主界面找到并单击"文字成片"选项，如图11-2所示。

❸ 将在Kimi AI上生成的故事文本粘贴到文案框，在画面右下角的"生成视频"选项中，可以对配音角色和匹配素材方式进行选择，如图11-3所示。

❹ 这里选择"猴哥"与"智能匹配素材"模式，单击"生成视频"按钮，如图11-4所示。

图 11-2

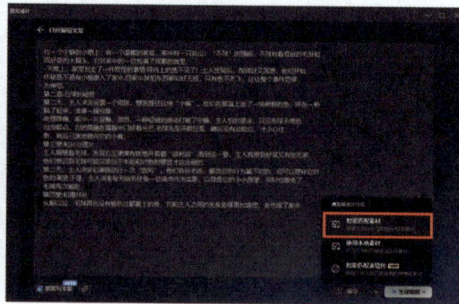

图 11-3

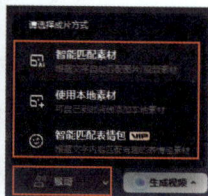

图 11-4

❺ 等待AI生成匹配素材，加载完成后，便会在剪映时间线上生成文案自动匹配的画面、背景音乐、字幕以及配音，如图11-5所示。

画面与文案匹配已经相当成熟。如果对其中一些素材不满意，还可以使用"替换"功能替换自己准备的素材。

需要注意的是，"文字成片"功能只是起到辅助创作者完成基础视频的"地基"，不应对其过度依赖，要想进行更高审美的表达还要"去AI化"。

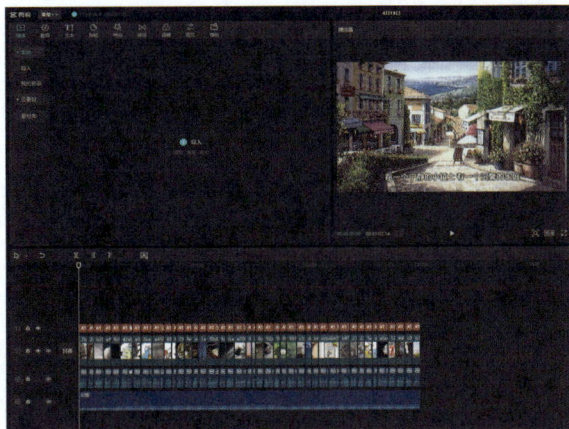

图11-5

## "文字成片"让文章快速成片

❶ 打开剪映专业版，在主界面单击"文字成片"选项，如图11-6所示。

❷ 在打开的"文字成片"窗口中，单击智能文案旁边的 🔗 按钮，将你写好的文章链接或者找到的文章链接粘贴到文本框中，如图11-7所示。

❸ 单击文本框右侧"获取文字"按钮，文章中的内容便自动添加到文本框中，配音则根据自己的喜好选择即可，这里选择的是"纪录片解说"，如图11-8所示。

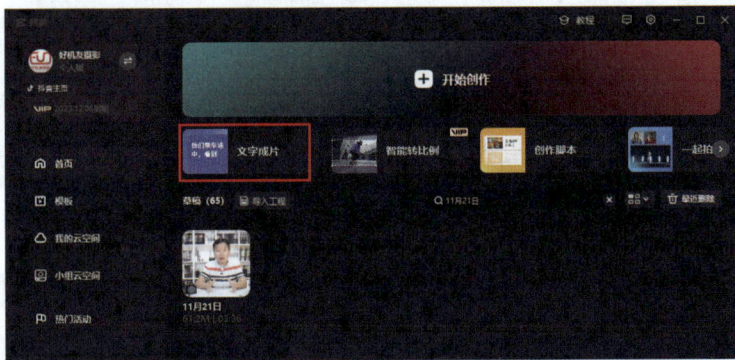

图11-6

图11-7

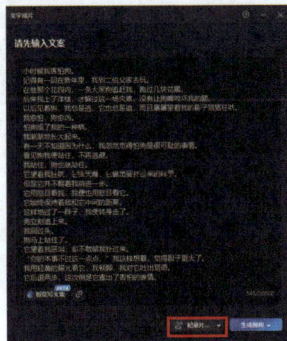

图11-8

❹ 确定好文案以后，在"文字成片"窗口的右下角选择生成视频的方式，如图11-9所示。如果是自己创作的文章并且有相应的图片视频素材，可以选择"使用本地素材"，如图11-10所示。如果是参考别人的文章，没有相应的素材，这里可以选择"智能匹配素材"或"智能匹配表情包"两项功能。因为前文中讲解了"智能匹配素材"，所以这里只展示"智能匹配表情包"，如图11-11所示。

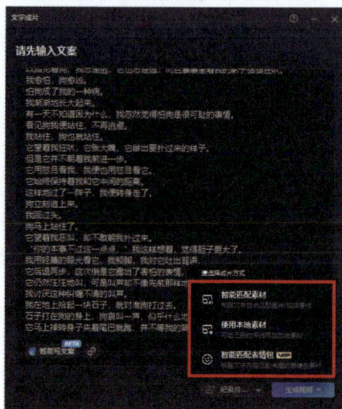

图11-9

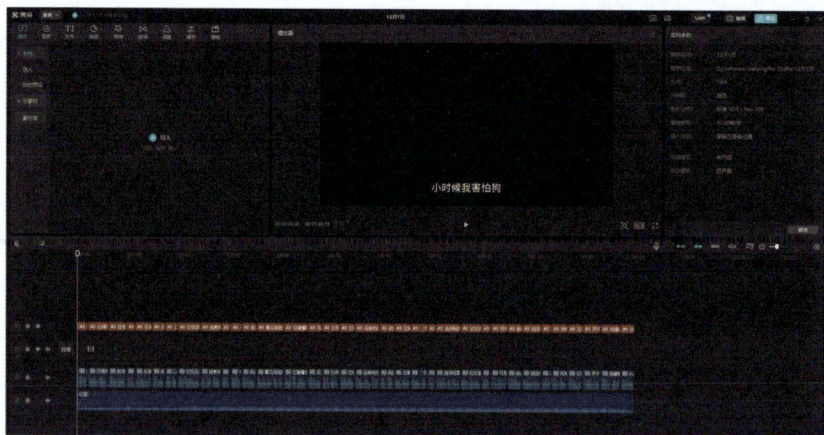

图11-10

图11-11

171

## 智能文本助手——智能文案

在"文字成片"窗口的左下角，可以通过单击"智能写文案"按钮，进行视频文案创作。此功能可以根据创作者的需求，在将关键词输入至文本框中后，由 AI 助手根据关键词自动生成对应文案。

❶ 首先，单击剪映专业版中的"文字成片"，再单击右下角的"智能写文案"按钮。

❷ 根据提示在文本框中输入关键词 ——摄影水平提高、讲解类、三百字，等待文案生成，如图 11-12 和图 11-13 所示。

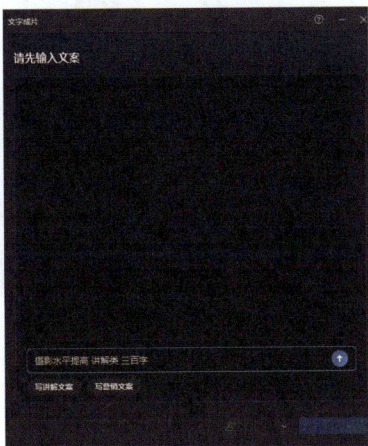
图 11-12

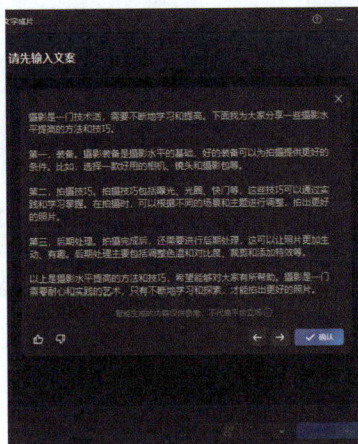
图 11-13

❸ 借助"智能文案"功能，AI 助手可生成多篇文案以供选择。可以选择其中最好的一篇文案进行使用或修改，也可以在上一级命令中，修改关键词以获得更多文案选择。

❹ 对于修改之后的文案，可以重复上述"文字成片"中的操作来进行视频产出，也可以结合 ChatGPT 进行修改润色，以获得更顺畅丝滑的文本。

## 智能配音助手——数字人

现在许多视频增加了配音，但实际上这样的视频还是显得有些单调，缺乏吸引力与竞争力。利用剪映中的数字人形象，可以较好地解决这一问题。例如，可以用数字人代替创作者进行形象展示，从而让视频显得更加生动。下面讲解一个将"数字人""智能文案""文字成片"三种功能搭配使用的进阶实例，各位读者在学习数字人操作方法的同时，还能通过此案例提高剪映各种智能剪辑功能的运用水准。

❶ 选中已经添加好的文本轨道，点击界面下方的"数字人"按钮，如图 11-14 所示。

❷ 在弹出的选项中，可以选择喜欢的数字人形象。这里选择的是"小赖—青春"形象，如图 11-15 所示。另外，如果取消勾选图 11-15 红框内的"应用至所有字幕"复选框，则只对选中文本进行操作。

❸ 生成好的数字人单独形成了一个轨道，可以在"画中画"中找到它，通过放大或者缩小的手势，可调整数字人大小，通过拖动数字人，可调整其位置，还可以通过"换形象""编辑文案""换音色"及"景别"按钮实现其他操作，如图 11-16 所示。

❹ 如果是9:16的横版视频，还可以把数字人放在上下黑边或者背景中，这样不仅增加了视频解说，还让视频看起来更加和谐，如图11-17所示。

图11-14

图11-15

图11-16

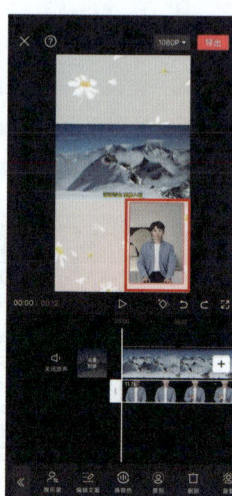
图11-17

## 智能电商工具——AI商品图

随着AI技术的不断推进，在"文字成片""智能文案""数字人"等功能之后，剪映手机端为了满足不同需求，推出了一项新的AI功能——"AI商品图"功能。它主要是利用人工智能技术对商品图像进行背景删除和添加新场景的处理。在通常情况下，商品图像会有一些不必要的背景或环境，通过抠图处理可以将商品从背景中分离出来，使其更突出并且适应不同的展示场景。

### 利用"AI商品图"功能高效出图

❶ 打开剪映，在剪辑页面点击界面右上方的"展开"按钮，在展开的菜单栏中点击"AI商品图"按钮，如图11-18所示。

❷ 在弹出的选择素材窗口选中准备好的商品素材图，然后点击右下角"编辑"按钮，如图11-19所示。

图11-18

图11-19

❸ 进入"AI商品图"界面，选择一个合适的背景，这里选择的是"城市天际"，如图11-20所示。如果对第一次选择的背景生成效果不满意，可继续点击，生成新的背景。

❹ 由于上传的商品素材图中的商品显示过大，导致没有空间输入文字，所以要调整商品的大小。点击商品，会出现控制框，通过放大或者缩小的手势，可调整商品的大小，通过拖动可以调整商品的位置，如图11-21所示。

图11-20

图11-21

# 智能口播助手——提词器+智能剪口播功能

### 1. "提词器"功能

如果追求视频中节奏情绪的表达，真人配音起到的效果当然优于配音软件。在早期视频拍摄中，用户一般选择在手机上下载提词器软件来实现提示功能。

剪映提词器功能的更新可以简化前期拍摄流程。无需使用另一台手机进行提词辅助，用户可以在提词器中输入台词内容，并在录制屏幕上阅读。此外，该功能还提供了一些设置选项，如字体大小和颜色等，对录制第一人称视角视频非常有帮助。

下面对这一功能进行演示。

❶ 首先制作好自己需要的讲解文案，可以使用剪映中的"智能文案"功能，也可以使用AI写作软件进行编写。这里使用AI写作软件生成讲解文案。

输入"剪映教程讲解前言"，生成如图11-22所示的内容。

❷ 如图11-23所示，在剪映App首页下滑后点击"提词器"选项，将文本内容输入至文本框内得到文本内容。

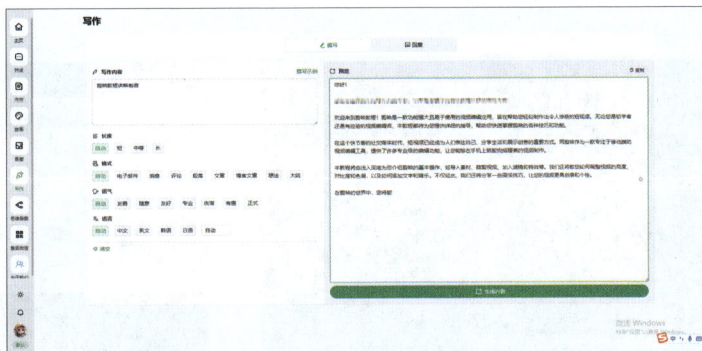
图11-22

❸ 在"提示词"功能界面点击右上角的"去拍摄"按钮，如图11-24所示。

❹ 在结束倒计时后，提词文本会根据时间进行字幕滚动。如图11-25所示，可以在画面提词器设置选项中更改字体颜色、字号、滚动速度、智能语速。根据个人语速及观看习惯完成调节后，便可以进行实际拍摄创作。

图11-23

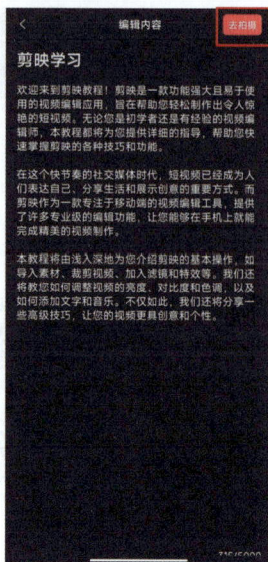

图11-24

图11-25

### 2."智能剪口播"功能

即使有多项智能功能可以进行辅助拍摄，在视频录制过程中也难免因为过长时间的口述导致语句停顿或有个人语气词，在后期剪辑时，处理口播中的语气词是非常浪费时间的。这时，就可以使用剪映专业版的"智能剪口播"功能。

❶ 如图11-26所示，将一段口播素材导入轨道，单击工具栏中的"智能剪口播"功能，等待片刻。

❷ 识别成功后，剪映生成剪辑预览界面。如图11-27所示，标注位置，在界面右侧出现停顿、重复和语气词对应文本，界面下方时间线显示其在视频中出现的时间及位置。根据视频需求删除文本或者剪掉对应画面即可。

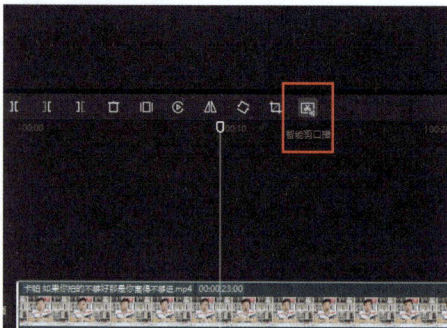

图11-26

图11-27

## 智能画幅工具——"智能转比例"

在没有"智能转比例"功能之前，横竖屏切换只能通过先更改画面比例，再调整画面位置大小来实现，步骤烦琐复杂。在增加"智能转比例"功能以后，不仅可以一键实现横竖屏的切换，还能自动将视频画面固定在主体上，使用起来十分方便。

下面，通过实例进行演示操作。

❶ 打开剪映专业版，在主界面单击"智能转比例"按钮，如图11-28所示。

❷ 在弹出的"智能转比例"窗口中，单击"导入视频"按钮，上传需要转换比例的视频，如图11-29所示。

❸ 这里导入了一段9:16的飞机在天空中飞行的竖屏视频，要将其转换为16:9的横屏视频，所以在右上角的"目标比例"选项中选择"16:9"，剪映会自动将视频画面锁定在飞机上，如图11-30所示。下方的"镜头稳定度"和"镜头位移速度"是控制画面稳定程度的，可根据情况具体选择，一般情况下选择"默认"即可。

❹ 所有参数都调整完以后，如果不需要再对视频进行编辑，单击右下角的"导出"按钮，即可将视频导出到目标文件夹中。如果还需要对视频进行其他操作编辑，单击右下角的"导入到新草稿"，即可进入剪映编辑界面进行其他操作，如图11-31所示。

图11-28

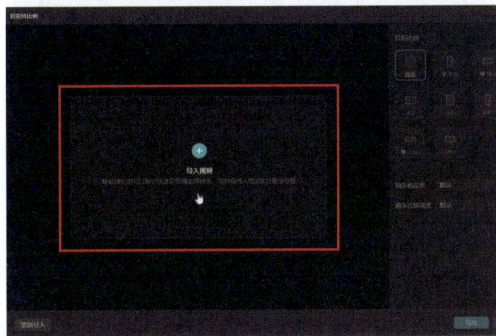

图11-29

图11-30

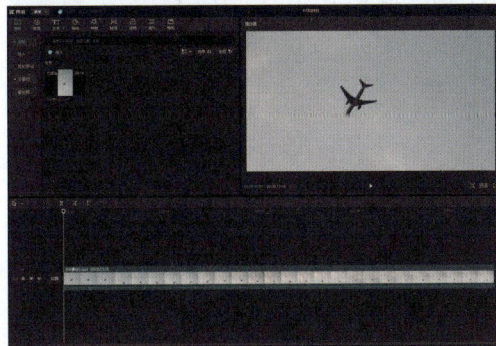

图11-31

## 快速补光功能——"智能打光"

在一些较暗的场景拍摄人物时，人物的面部发暗，会显得肤色比较黑，面部打光处理起来比较麻烦。在有了"智能打光"功能之后，不仅可以一键为面部增加"基础面光"，还可以增加"氛围彩光""创意光效"，功能十分强大。

❶ 打开剪映专业版，导入一段人像视频，如图11-32所示。

❷ 选中视频轨道，在右侧"画面"—"基础"选项中勾选"智能打光"，如图11-33所示。

❸ 导入的视频画面颜色偏暖，看起来比较暗，这里选择"基础面光"分类中的"温柔面光"，让人物面部颜色冷一些，达到酷爽的感觉，如图11-34所示。

❹ 如果感觉效果没有达到预期，也可以在"光源"选项中自行调节，"光源类型"调整为"平行光"或"点光源"，"对象"调整为"人物""背景""全部"中的一类，"颜色"根据需要调节，"强度"（光的强弱）、"光源半径"（光的大小）、"光源距离"（光的远近）、"高光"（较亮的像素）、"画面明暗"（画面的明暗程度）等同样根据需要调节，如图11-35所示。

图11-32

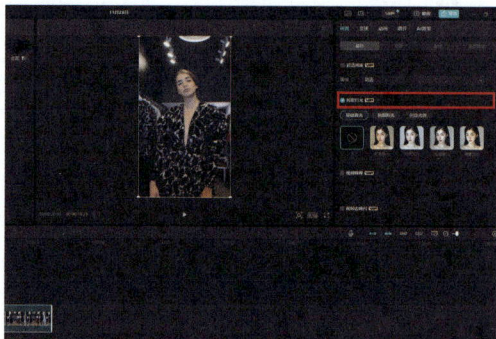
图11-33

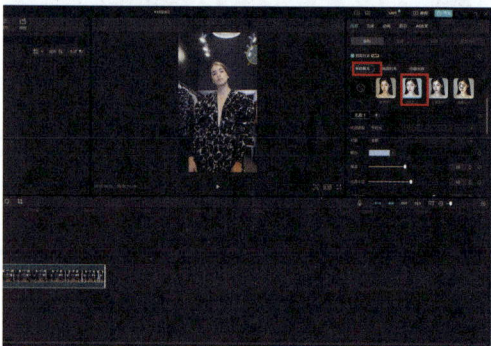
图11-34

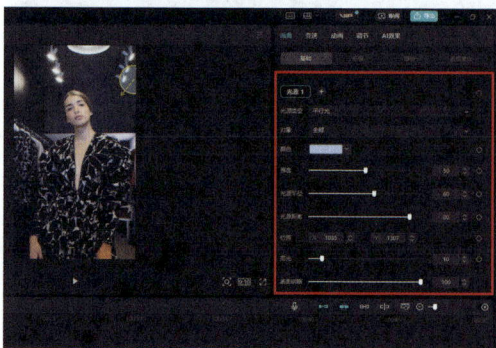
图11-35

## 快速美化工具——"智能调色"

"智能调色"功能主要是通过对视频的颜色、亮度、对比度、饱和度等参数进行调整，来改变视频的色彩效果和视觉感受。"智能调色"功能简单易用，用户无需专业知识，只需简单设置参数，就能获得满意的调色效果。

❶ 打开剪映专业版，导入一段夕阳视频，如图11-36所示。

图11-36

❷ 选中视频轨道，在右侧"调节""基础"选项中勾选"智能调色"，如图11-37所示。

❸ "智能调色"可以根据画面的明暗进行自动调整，如果要处理的照片或视频较暗，可以自动将其调亮，反之，则会降低画面亮度。"强度"参数用于控制调整的幅度，如图11-38所示，将其调至100后，画面阴影部分被提亮了。

图11-37

图11-38

# 11.2 剪辑辅助功能

## 三端互通功能

三端互通功能是指剪映软件在手机、平板电脑和台式计算机等多个终端之间实现无缝的文件互通和编辑操作。使得用户可以随时随地在不同终端上进行视频编辑，无需担心文件的传输和同步问题。用户可以在手机上进行初步的剪辑，然后在平板电脑或台式计算机上进行更加复杂的编辑，从而更加流畅地进行视频编辑，充分利用各个终端的特点和功能。三端互通功能提供了更加丰富的视频编辑工具和效果，还不会因为设备的切换而导致工作的中断或不便，提高了视频编辑的便捷性和灵活性。

如图11-39（剪映手机版云端）与图11-40（剪映专业版云端）所示，在手机和计算机上皆可对已上传云端的素材进行编辑剪辑。此项功能的出现，意味着在剪辑视频时，可以随意在两个设备之间进行切换，充分发挥不同设备的优点。

图11-39

图11-40

### 1.云素材共享

剪映云端与三端互通的功能带来的最基本的功能便是素材之间的共享。在视频剪辑时，一些常用的视频、音频素材可以同步到云端供两端设备同时使用，可以更大程度地节省剪辑时间，提高剪辑效率。图11-41、图11-42展示出了手机端与专业版端云素材同步情况。

图11-41

图11-42

### 2.互传剪辑草稿

每一次视频剪辑后，剪映软件都会自动保存剪辑草稿，以方便查看、修改，在剪映首页功能区下方为草稿箱位置。单击该草稿右下角的3个点，可以对草稿文件进行编辑，如图11-43所示。如果草稿文件过多，可以重命名文件以方便查找，想要在不更改草稿文件的情况下修改视频，可以复制草稿备份再进行修改。

图11-43

> **小提示：** 三端互通需要保持账号一致，其中一端删除素材，其他端皆不可查看，所以在删除素材时一定要检查是否已将视频保存在自己接下来需要使用的设备中，以免重复操作增加麻烦。

单击其中的"上传"选项，选择"我的云空间"，单击"上传"。个人云端空间共有512MB，最高可扩展至1000GB，可以把云端作为一个无线无损不压缩传输工具，如图11-44所示。

上传成功之后便会同时在手机、计算机、平板三端进行显示，如图11-45所示。

图11-44

图11-45

## 小组云空间

小组云空间功能是剪映专业版中一项非常实用的功能。它可以让用户小组内成员合作编辑同一个视频项目，从而实现快速且高效的协作编辑。

此外，剪映小组功能还内置了内部批注沟通功能，方便团队成员之间进行沟通和讨论。将视频草稿上传到小组云空间，小组内成员即可以进行讨论，参与在线批注。

另外，此功能还可以自动保存不同的版本，从而可以方便地回溯到之前的编辑状态，避免意外修改带来的损失。此功能的出现对简化团队协作的流程、提高团队的工作效率有着极大的助力。

单击"小组云空间"中的"创建/加入小组"，单击"创建"按钮。免费小组功能有500MB的使用空间，可以单击右上角的"管理"按钮邀请小组内成员加入，如图11-46所示。

邀请成功之后，将素材上传至小组云空间内，小组内成员便可以使用和下载，如图11-47所示。

图11-46

图11-47

## 最强模板——文件草稿

作为一款功能强大的在线剪辑软件，剪映App内置了很多优良模板供创作者使用。只需要在剪映App中打开模板选项，根据使用需求寻找合适的模板进行替换即可。然而模板的使用有各种局限性。目前，剪映只支持工程文件的线上分享使用，本身并不支持草稿文件的导出。但是，可以使用其他方法来完成文件草稿的使用，具体方法如下所述。

❶ 在剪映主界面窗口单击右上角的设置选项按钮，在设置中单击"全局设置"选项，如图11-48所示。

❷ 在"草稿"选项中，单击"草稿位置"后边的文件夹图标，如图11-49所示。

❸ 单击之后将自动跳转至剪映草稿文件夹，本地草稿文件内置其中，文件名称对应过往剪映制作的文件，如图11-50所示。

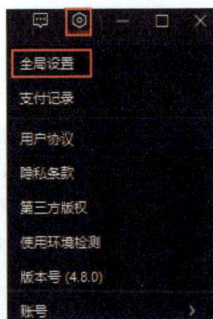

图11-48

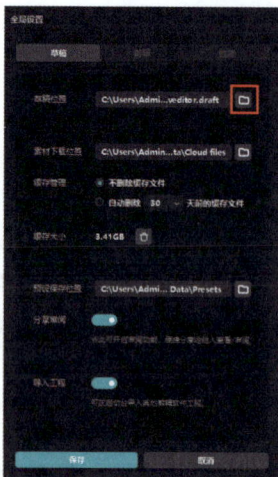

图11-49

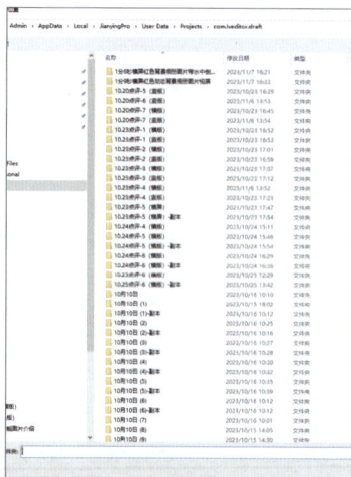

图11-50

❹ 打开我们事先准备好的剪映草稿素材，将其全选复制导入剪映草稿文件夹中，如图11-51所示。

❺ 返回剪映草稿首页，下滑便可以在草稿文件中找到其对应位置，如图11-52所示。

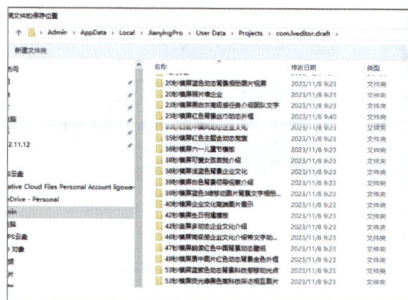

图11-51

图11-52

❻ 直接在下方单击模板便可以进行查看、修改。与剪映内置模板不同的是，此方法导入的草稿素材拥有完整的本地素材，如图11-53所示。在视频高潮位置、卡点位置增加了画面预留提示。通过提示，可以直接将拍摄素材进行替换，从而更加方便用户快捷完成视频创作。

图11-53

小提示：文件草稿功能不仅是高效输出的预制模板，更是通过使用进行学习的过程。在草稿套入的过程中，可以对套用草稿进行创作思路学习。在剪辑手法逐渐熟练的过程中，不同的模板使用能学习了解更多的剪辑技巧。例如，剪映模板多以生活娱乐为主，而Premiere模板以商业宣传为主。通过学习不同类型的模板，在丰富技巧的同时，也提高了自己在不同类型视频风格方面的创作能力。